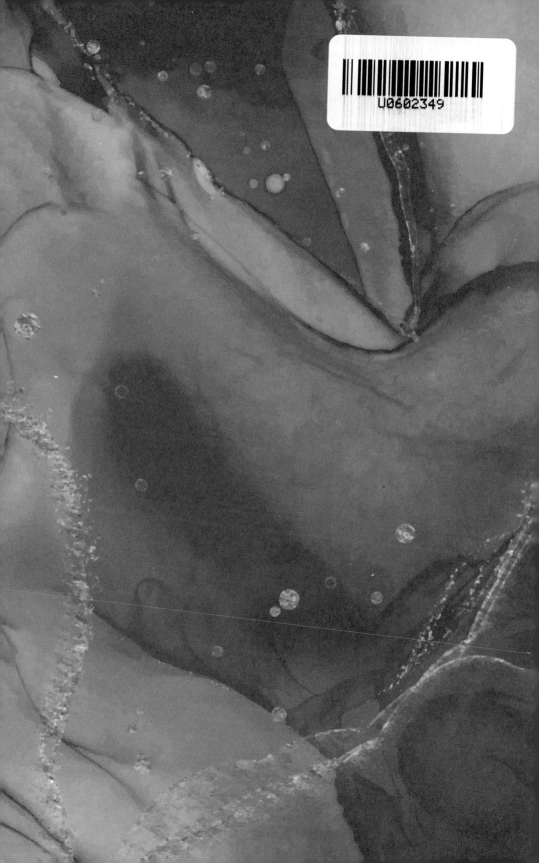

[美] 莱斯莉·贾米森 著

屈啸宇 译

痛苦的故事形态学分析

十二种心碎

The Empathy Exams

Leslie Jamison

广西师范大学出版社
·桂林·

献给我的母亲

乔安娜·莱斯莉

Homo sum:
humani nil a me alienum puto

我是人类：

人类所拥有的一切，我都毫不陌生。

—— 泰伦提乌斯 《自责者》

目　录

同理心测试

我是一个医学"演员"，我扮演病人，按小时收钱，医学院学生需要根据我的表演判断具体的病因。我们这种人的正式称呼是"标准病人"（Standard Patient），因为我会按照"标准"表现我所患的各种"疾病"。作为一个标准病人，我可以轻易地表演出先兆子痫、哮喘和阑尾炎的症状，也可以扮演一个嘴唇发青的病婴的妈妈。

这份工作并不复杂，领一份剧本和一件纸质病袍，然后一小时赚上13美元50美分。一份剧本一般有10到12页那么长，它告诉我们该怎么表演——不只是具体的病痛，也包括怎么表现它们、表现到什么程度，以及什么时候表现。这份剧本指导我们通过特定的方式表现疾病，它深入到角色的生活细节：孩子的年龄、父母的病史、老公上班的房地产或平面设计公司的名字、去年瘦了多少斤，以及每周喝了多少酒。

我有一个专属角色，史蒂芬妮·菲利普斯，23岁，她得了一种叫作转移性精神障碍[①]的病。哥哥的死让史蒂芬妮悲痛不已，进而引

[①] 转移性精神障碍，一类由精神因素——比如重大事件的精神冲击、情绪过激、暗示和自我暗示——作用于易感个体后，以病人部分地或完全地丧失自我身份识别能力与记忆为主要特征的精神疾病。

发了癫痫。我从没听说过这种情况，我没想到人会伤心到痉挛。她应该同样没有料到，也并不认为自己的癫痫和丧失亲人会有什么关系。

史蒂芬妮·菲利普斯

精神病科

标准病人训练材料

病例提要：你是一名23岁的女性病人，现有无明显神经性症状的癫痫。你不记得自己有癫痫，只是被人告知曾经口吐白沫、大骂脏话，但你经常能在癫痫发作前就有所预感。两年前，你的哥哥在美式足球的车尾派对①上喝醉后去游泳，结果淹死在伯明顿大桥南边的河里，不久之后你就开始出现癫痫症状。你和他在同一家迷你高尔夫球场工作，那段时间你翘掉了所有工作，而且什么都不做。你很担心在公共场合发病，没有医生帮过你。你哥哥的名字是威尔。

药物史：你没服用任何药物，从来没吃过抗抑郁药，也从没想到会需要吃这些药。

病史：你的健康从未出过问题，受过的最重的伤是胳膊骨折，而那次威尔就在你身边。是他打了急救电话，并且在救护车来之前一直陪护着你。

考场由三个专门的房间组成，每个房间都配备了一个诊台和一部监控，我们就用这些进行模拟问诊考试，对象是二、三两个年级的学生，考查的知识范围包括儿科、外科和精神科。每个考试日，每个学生必须诊断三到四个演员演的各种病例的"门诊病患"——这是对这

---

① 车尾派对，一种在车辆（如皮卡）的后车厢或其附近供应食物、饮料的社交聚会，通常在足球赛、音乐会等公开活动之前或之后在停车场举办。

些病人的专业称呼。

一个学生需要先对一个女人的腹痛进行触诊，按照一至十级下诊断。然后坐在一个得了妄想症的年轻律师面前，告诉这个"病人"，虽然他感觉到小肠里有大量虫子在蠕动，但这种感觉也许和他的消化系统没什么关系。再然后，这个学生要到我的房间，正襟危坐地告诉我，我要早产了，然后为我接生我肚子上缠的枕头，或者当我正在担心我生病的塑料娃娃、在我说"他太安静了"时，严肃地点点头。

一旦15分钟的"门诊"结束，学生离开房间，我们就会给他/她的表现打分。首先是一张客观的核对清单：他/她得出了哪些关键信息？哪些部分他/她漏掉了？其次是主观感受。一般来说，整张表里最重要的一项是第31项："听起来是否对我的境遇/问题怀有同理心？""听起来"，我们被告知了这个词的重要性。有些人只是表现了礼貌上的同情或语气上的关怀，这是不够的，学生必须说对特定的用语才能拿到这部分和"同理心"相关的分数。

医学院给了我们这些标准病人一间房间，专门用于准备表演和缓解压力。考试前，我们这些人会聚在那儿：裹着蓝色皱袍子的老人、蹬着和纸病袍不搭调的炫酷靴子的艺术硕士，还有运动裤外面套着住院服的本地青少年。我们互相帮着在腰上缠枕头，像递接力棒一样把裹在廉价棉毯子中的道具娃娃从一个女孩子手上传到另一个女孩子手上。我们这些人里有社区剧场的演员、到处寻找表演机会的戏剧专业本科生、想赚点酒钱的高中生、想消磨掉点时间的退休族，以及像我这样挣扎在破产边缘的作家。

我们演出人间百态：膝盖前交叉韧带撕裂的年轻运动员；染上了可卡因瘾的业务经理；还有得了性病的老太太，她欺瞒丈夫40年了，淋病就是证据。她和这件丑事间只隔着一层薄纱，而医学生要做的就是去揭开这些遮掩。如果问诊中途学生问对了问题，接下来要面对的就是老太太号啕大哭、情绪崩溃的模拟场景。

布莱克奥特·巴蒂需要化妆：下巴上一道疤痕，一只眼睛是乌青的，从瘀青的眼部到颧骨部位全是擦伤，他遭遇了一场连他自己都记不得了的小车祸。问诊前，巴蒂还要像喷古龙水似的喷自己一身酒精，他应该在"无意"中表现出酗酒者的特征，同时也应极力保守该守住的秘密。

我们拿到的剧本总是充满了各种诡异：孕妇莱拉的丈夫是一个游艇船长，刚刚驾船驶离克罗地亚；得阑尾炎的安吉拉有个过世了的吉他手叔叔，他乘坐的旅行巴士曾经被龙卷风袭击。剧本中我们的亲戚大多都有一种中西部式的惨烈死法：要么在卡车或者谷物卷扬机事故里被劈开，要么在从赫威超市回家的路上被醉驾司机撞死，要么死于天灾，或死于十大联盟车尾派对上的枪击事故，或者就像我的哥哥威尔那样在尽情狂欢后死去。

问诊考试的间隙有免费供应的水、水果和能量棒，还有吃不完的薄荷糖，避免学生因为口臭和肠鸣这些超出剧本范畴的"表演"而分神。

在问诊考试中，有些学生会显得很紧张。这就像一次尴尬的约会，只是其中一方早就戴上了白金婚戒。我想告诉他们，我可不只是一个靠装癫痫赚零花钱的未婚女人："我做的事情是有意义的！"我也想告诉他们："可能有一天我会把这些东西写进书里！"我扮演的角色来自艾奥瓦州的乡下，我们会闲聊一些那里的事。我们都知道对方聊的内容里有一些假话，但谎言也是一种表现个人特点的方式。这些虚构的内容，就像我们一起甩动的一根跳绳，将彼此连接。

有一次，一个学生忘了我们是在做模拟，开始问起一些我虚构家乡的细节，因为那正好是他的真正故乡。他的问题很快就超出了剧本，我没法回答，因为我其实就知道这么多。这个学生忘记了我们之间本该有的默契。我越来越编不下去，但也越来越较真。"马斯卡廷的那个公园！"我边说边像一个老头一样猛拍着腿，"我小时候经常在那儿玩雪橇。"

大多数学生还是照章办事的。他们总是按抑郁症的诊断列表喋喋不休地问下去，就像读一张购物清单：睡眠障碍、食欲变化、注意力减退……但当我照着剧本拒绝和他们对视时，这些人就开始烦躁起来了。我绷着脸正襟危坐，抓狂的学生们把这当作一种示威。他们拼命捕捉我游移的目光，没完没了地琢磨我到底在看什么。他们掌控局面的方式就是努力和我建立目光接触——一定要让这个人认识到一点：我们在关心病人！

我逐渐习惯了他们的言论，他们刻板地重复某些表述，毫无同理心："这肯定是很难受的"（孩子快要死了），"这肯定是很难受的"（担心在购物时癫痫发作），"这肯定是很难受的"（身体里的病菌是她欺骗丈夫的铁证）。这些家伙，他们为什么不能干脆地承认"我甚至无法想象"呢？

看上去，有些学生似乎明白同情既可能是一种礼貌，也能变成一种冒犯，因此，他们甚至在往我身体上放听诊器时都会征求我的意见，从不自作主张。他们不自觉的口吃是尊重我隐私的体现："我能……我可以……请问您介不介意让我——听听您的心音？"我说："不，我不介意。"不介意是我的工作。他们的谦恭本身就是一种同理心。谦恭意味着他们会请教问题，并从问题中得到答案，而答案则意味着得分点：发现我妈妈嗑安非他酮（抗抑郁药），得 1 分；让我自己承认过去两年都在自残，得 1 分；发现我爸爸在我 2 岁的时候因为一次谷物卷扬机事故去世，得 1 分。他们逐渐发现，挫折像一张网，根植并蔓延在我的整个生活里。

这样，同理心就不仅仅是题表上第 31 项（"听起来对我的境遇 / 问题怀有同理心"）所能衡量的了。每次猜测我的"经历"时，学生们能在多大的程度上想象我的"过去"，这才是衡量的关键。同理心不是仅仅记得说"这肯定是很难受的"，而是想办法揭示暗藏的困顿之处。表达同理心并不只是倾听，你需要提出恰当的问题才能得到真正需要听的答案。就同理心而言，询问和想象一样重要。同理心要求你始终意识到自己的所知，意识到你所能了解的东西永远只是一个人人生经历的一小部分，意识到这是一场像追逐地平线一样永无止境的探索：一个老女人的淋病与她的内疚相关，与她的婚姻相关，与她的孩子相关，也与她的童年相关；这一切都与她那个被家庭生活重压的母亲脱不开关系，与她父母未能解除的婚姻脱不开关系；也许追根溯源，这些都与她儿时的羞耻和恐惧相关吧。

同理心让我们意识到，心理创伤没有形状，它总在"流血"，流过边界，最后，忧伤变成了癫痫。同理心要求另外一种对回应的倾听。我扮演史蒂芬妮的剧本长达12页，但是我主要思索的却是那些隐含的事。

"同理心"（empathy）这个词来自希腊文 empatheia——em 表示进入，pathos 表示感觉 ——它是一种穿入，一段旅行。它提议你进入另一个人的痛苦，通过提问的方式跨越边界和关卡，就像拜访另一个国度：你的世界种植什么庄稼？设立什么样的法律？牧养什么样的动物？

我曾经设想史蒂芬妮·菲利普斯的癫痫是只属于她自己的财产、隐私。她不直截了当地述说，从而独占了这种悲伤。史蒂芬妮抗拒目光接触，不愿表露内心世界，在表达自己的悲伤时进入无意识状态，事后连她自己也不再记得。所有这些都是她的一种手段，用来保护自己原本的伤痛不被他人的怜悯侵犯。

"犯癫痫的时候，你会喊什么？"有个学生问。

"我不知道。"我想多说点，但只能言尽于此。

我知道这么说是违反规定的，但我演的是这样一个女孩，她想把她的悲伤尽量隐藏起来，藏到连她自己都无法发觉。我不可能轻易就把什么都说出来。

莱斯莉·贾米森
妇产科
标准病人训练材料

病例提要： 你将扮演一名女性，25 岁，正在申请终止妊娠。你是初次怀孕，已经受孕 5 个半星期，尚未出现浮肿或孕吐症状。你的情绪很不稳定，但无法确定这种变化来自妊娠，还是来自受孕这个消息本身。你对妊娠没有表现出明显的抑郁情绪，但私底下的情绪状态则无法确定。

药物史： 未采取任何避孕措施，这是你受孕的原因。

病史： 你过去接受过数次外科手术，但好像与本次妊娠无关，因此未向当前的主治医生提起。经检查，你的心脏有过快或不规律搏动现象，准备近期接受手术以矫正心跳过速。你的母亲让你做出承诺，会在终止妊娠咨询时提及这次手术安排，虽然你不想和她讨论这个话题。你的母亲希望主治医生了解你的心脏问题，因为这可能影响到他终止你妊娠的方式，及那时麻醉镇静的方式。

我能告诉你，我 1 月份接受了一次堕胎，也可以告诉你我有一场心脏手术安排在今年 3 月，尽管它们听起来就像是两个不同的病例、两个不相干的剧本，但在这份剧本里，这两件事是联系在一起的。每一个手术日，我都要在早上醒来后保持空腹状态，然后套上我的纸质病袍。其中一场手术是针对我那小小的子宫进行的，而另一场则要用一根导管去消融我心肌处的一个结节。"消融？"我问自己的医生。他们回答说这指的是一种烧灼技术。

其中一场手术会让我大量失血，另一场则几乎没多少出血量。一场手术是我自己的选择，另一场则是不得已而为之，两场手术都让我感觉自己的身体脆弱得不可思议，也强大得不可思议。两场手术都会在冬春之交进行，我都需要乖乖地趴好，让一群男人对我下手。这两场手术都将与一个我刚刚爱上的男人有关——关乎他是否关心我。

凌晨 3 点，在马里兰一个地下室里，我和戴夫第一次接吻，那时候我们正在前往《纽波特新闻报》编辑部的途中，去为奥巴马的 2008

年大选做宣传工作。我们俩都参加了一个叫"团结在当下"的组织。"团结在当下!"几年以后,我们把该组织的海报贴在了床头。在一起的第一个秋天,迎着咸咸的风,我们手牵手一起在康涅狄格的海滩上漫步,那儿到处散落着贝壳碎片。我们一起去宾馆度周末,在浴缸里放了太多泡沫浴液,泡泡溢了出来,在地板上流得到处都是。我们把它拍了下来。我们总是在不停地拍照,什么都拍。我们在雨中穿过威廉斯堡去听一场音乐会。我们是两个坠入爱河的作家。我的老板总是想象着我们整夜蜷在一处并互相倾吐心声的样子。"今天在街上看到一只受伤的鸽子,你有什么感觉?"我们总在聊这些东西。是的,我们曾经聊两只受伤的兔子,它们想在一块枯萎过半的草坪上交配。这很伤感,让人感触良多。

在一起两个月后,我怀孕了。看到验孕棒上的标记后,我告诉了戴夫。空气微凉,我们在大学校园中那条小道上走了很多个来回,讨论着应该怎么办。一想到自己的夹克下面现在有一个小小的胎儿,我就感到非常困惑,真的,**非常困惑**。我对它已经有归属感了吗?我不知道。我记得那时候自己不知道该说些什么,记得自己想弄点东西喝,记得自己想让戴夫和我一起做决定,但又为将要发生的一切感到惶恐。我需要戴夫明白,对我们俩来说,这个决定并不是一回事。这种痛苦成了一把双刃剑,我既想要与别人分享这种感受,又觉得应该独自承担。

我们决定选一个周五去堕胎,这时候我才意识到,在那一天到来之前,我还要再过一周的正常生活。我意识到,自己应该保持一如往常的生活方式。堕胎之前的一天下午,我躲在图书馆读一本关于怀孕的回忆录。作者在书里描述了自己内心不断悸动的恐惧和孤独感,这种感觉由来已久,只有酗酒和性爱带来的麻木感才能勉强盖住它。但她说,当她意识到自己的身体里有一个正在萌发的小小胚胎时,这些恐惧和孤独立刻烟消云散了,因为有个小拳头在肚子里敲啊敲啊。

我给戴夫发了条短信,想和他聊聊书里说的那种恐惧感,聊聊胎儿的心跳。我想和他说，当我读到一个女人可以因为怀孕而发生那种改变时，觉得很悲哀，因为我要堕胎，不会被怀孕改变，至少不能像她那样。几个小时过去了，没有任何回复，这让我烦躁不已。我开始觉得内疚，因为我几乎没怎么好好想过堕胎的事情。戴夫不在我身边，这让我很生气，因为他什么也不做，而我却要面对一切。

我开始时刻感受到等待的沉重。堕胎已经成了一件我应该为之伤心之事。恐惧正在蔓延，我意识到，自己早就该为此伤心了，但事实并非如此。其实，我在很多葬礼上体验过这种感觉，那是欲哭无泪的感觉。直觉告诉我，这一切只是因为我的精神生活一片干涸，仅仅依靠不断渴求别人的肯定来保持活力，仅此而已。我希望在自己想要什么的那一刻，戴夫能准确地猜中一切，我希望他知道自己待在我身边对我意味着什么。

那一晚，我们俩在我家的餐桌上一起吃着炖菜。几个星期前，我在这张餐桌上放了一堆橘子，然后配上浆果糖片招待朋友，让每个人都甜到了心里。这种糖片可以让葡萄吃起来像糖果，啤酒尝着像巧克力，设拉子酒喝起来像马尼舍维茨①——实际上吃什么都像在喝马尼舍维茨。那天的厨房象征着过去时光里那些仿佛永无休止的逍遥日子，比现在我们过的每一天都轻松。那一晚，我们喝着红酒，我想，不，我知道自己喝多了。我开始意识到自己做了一件会伤害胎儿的事情，这让我感觉一阵恶心，因为这个念头提醒我，胎儿是会受伤的。想到这里，我觉得腹中的胎儿更像一个生命了，而自己竟然如此自私，就这样沉溺于廉价的赤霞珠酒，还暴躁地到处找人吵架。

期待戴夫能在我身边的那一刻，我意识到一点，在怀孕这件事上我们俩的感受是如此不同，就像两条永不相交的渐近线。但我还是认为，他至少应该试着去跨越我们之间身体和生活上的隔阂，其实只要

---

① 马尼舍维茨，美国著名的寇修酒（Kosher wine）品牌，寇修酒是按照犹太教饮食戒律酿成的甜葡萄酒，以高甜度著名。

一条短信就能做到。我得把这些想法告诉他。实际上，我已经几乎要气疯了，只想等他一开口就把这些想法全倒给他。"猜测你的感受就像用一根笛子去逗一条眼镜蛇。"前男友之一这样说过我。这是什么意思？我想没什么意思。痛苦让我变得充满怨气，觉得自己需要某种特别的魔法才能马上抑制住那弥漫开来的痛楚。

在阁楼上的起居室里，我挨着戴夫坐下，此时我的眼镜蛇模式已被彻底激活。"我今天觉得很孤独，"我说，"我想听你说点什么。"

如果我说自己清晰地记得他说的话，那肯定是在撒谎，我记不清了。争论的可悲之处在于，它有一种单方属性，我们往往对自己的观点记得更清楚。我记得他说过整天都在想我，可为什么我不相信他？为什么我还要问他要证据？

听起来对我的境遇／问题怀有同理心。为什么我还要问他要证据？我就是需要这么做。

他对我说："我觉得你都是装的。"

这是什么意思？我的气愤是装的？我对他发火是装的？我的记忆一片模糊……

我告诉他，我不知道自己是什么感觉。可是，他就不能相信我真的感觉到了什么吗？就不能相信我真的需要他吗？我需要他的同理心，不只是理解我刚刚描述的那些感受，还要帮助我弄明白这种感觉到底是怎么回事。

月光笼罩着我们，窗外是 2 月，情人节就要到了。我全身蜷缩着，拼命把自己贴在一个褶皱里还有面包屑的廉价靠垫上，这件家具让我觉得自己还在学校里。堕胎本该是成年人的事情，作为当事人的我却没有从自己身上找到一丁点属于成年人的味道。

当听到"你都是装的"的时候，我把它理解成一种指责，指责我的歇斯底里，指责我那没来由的瞎激动。但我觉得他的意思其实应该是，我在用错误的方式宣泄确确实实存在的情感。堕胎这件事已经被我用来宣泄长久以来的各种欲求和不安。我在夸大自己的感受，好让他觉得内疚。这样的指责之所以能伤到我，不是因为它完全错误，而正是因为它揭示了一部分真相，而且是以这样冷酷的方式。戴夫用我身上的一些事实来为他自己辩护，而不是来安慰我。

但真相就在这一切的背后。戴夫立刻就理解到我的痛苦既有真实部分也有营造部分。他明白这两者都是必然的——我的表述方式也是我感受的一部分。当他说我在编造这些感受的时候，并没有觉得一切都是我在故弄玄虚。他的意思是说，感受并不是单纯的接受，而往往是一种营造情绪的过程。回顾整件事时，我才明白了这一切。

我也意识到，他当时应该对我再温柔点。我们之间本来可以多点温柔的。

一起去计生诊所的那天早上，天气冷得出奇。在等医生的时候，我们一起翻着候诊室里的一堆儿童故事书。谁知道为什么这些书会在这儿，也许会有孩子在母亲去见医生时在这里等待，但这一点在这个堕胎的周五显得非常诡异。我们找到一本叫《亚历山大》的书，内容是一个小男孩闯了祸，向爸爸坦白时把全部错误推到想象中的一匹全身布满红绿条纹的马身上。"今天，亚历山大是匹坏马。"我们一旦有自己没法承受的东西，就会推诿到其他某个东西身上。这本书的主人叫麦克，来自布兰福德。我很好奇这个麦克为什么会来这间计生诊所，又为什么会留下这本书。

我想对坐在计生诊所候诊室的自己说点什么。我想告诉她，你正在经历一场大事，你不该回避它的重要性，不该害怕自己"想太多"。你不该因为自己依然无知无觉而感到担心，因为各种无可名状的感觉从此以后会不断地降临到你身上。我想告诉她，这个房间里有些东西是大家共有的，但它们并不能帮助你抵抗属于自己的那一份伤痛。所有在这个候诊室待过的女人都经历过我将要经历的事，但这并不能让我轻松点。

我想告诉自己，你早前那些手术有可能对堕胎毫无影响，也有

11

可能影响重大。你颌骨和鼻子上的伤跟你怀孕毫不相关，它们只不过都发生在你的身体被切开时，每修复一次就意味着再被切开一次。心脏修复手术也是一种"入室抢劫"，除了以烧灼法从身体里去除的东西以外，手术不会从你身体里取走任何东西。也许你套上纸病袍的时候，以往每次套上纸病袍时的回忆之魇都会再次出现，也许你在全身麻醉后沉睡时，以往每次被麻醉后出现在眼前的黑暗都会再次袭来。也许这一切从始至终都在等着你的到来。

史蒂芬妮·菲利普斯
精神病科
标准病人训练材料（续）

开场白："我的癫痫不断复发，却没人知道病因。"
角色外在形象的表现方式与格调：你将身着牛仔裤和汗衫，最好是脏乱的。你不是那种注意衣着的人。问诊期间，你有时候会提到自己已经不在乎穿着的问题了，因为你很少出门。有一点很关键，你会在人际交往中避免眼神接触，并且避免在说话时流露情感。

要演好史蒂芬妮·菲利普斯，最难的地方之一是准确表现出她对周遭人事的那种特殊态度。La belle indifférence[①]，这个术语指的是这类人身上的一种特殊状态，可以表述为"某些病人对自己的体征表现出漠不关心的态度"。这是转移性精神障碍的一种常见特征，在这种冷漠之下，"精神疾患会因为被他人关注或者得到同情而产生焦虑，相关症状随之加重"。La belle indifférence——把情感内容诉诸肢体表达——不言而喻，这是一种寻求同理心的方式。这种情况下，医

---

① 法语，字面意为"美丽的冷漠"。

生与史蒂芬妮之间面对面的交流又限制了同理心的形成：问诊者必须将史蒂芬妮自己无法确定的抑郁情绪给发掘出来，并以此描绘出史蒂芬妮本人不能完全承受的那种精神痛苦。

在其他病例中，我们可以更加直接地表现出自己的痛苦，比如忧虑感或焦躁感。我第一次扮演一名叫安吉拉的阑尾炎患者时就被告知要表现出"恰当的痛苦"，我选择蜷缩成一团，不断呻吟，效果还算不错。这时候医生就会知道应该做出什么反应。"这真糟糕，你腹部现在痛得厉害，"有个考生这么对我说，"这肯定让你很不舒服吧。"

是的，我经常会选择把这些痛苦直接表现出来，让这些症状显得既确定无疑又引人注目，这样考生就不会漏掉它。但是，因为堕胎而感受到的那种悲伤并不仅仅是一阵痉挛，它更加隐秘，无以名状。做完手术三天之后，我觉得自己马上就要释然了，却突然间感到痛苦不已。这种痛苦到了夜里会变成一阵阵的抽搐，比白天更严重。虽然这样的痛苦很难描述，可我至少知道自己有什么样的感觉。就像史蒂芬妮这样的病人，她的癫痫——她自己独特的方式——已经具体而又精妙地说明了一切。

史蒂芬妮·菲利普斯

精神病科

标准病人训练材料（续）

问诊中的行为表现： 除非有人追问，你不会透露任何个人细节。你不会觉得自己是快乐的，也不会认为自己不快乐。有一些晚上，你会因为你的哥哥而感到伤心，但不会说出来。你不会提到自己有一只乌龟，它可能会比你活得长，你也不会提到自己有一双在迷你高尔夫球场穿的绿色运动鞋。你不会提到自己有过很多次成功的推杆记录。如果被问到，你会告诉对方自己还有一个兄弟，但不会告诉对方他不叫威尔，因为这就显得太表面化了——即使这个事实还是会时不时伤到你。你并不确定上述这些事情有什么意义，对你而言，它们只是一系列的事实。这就像你在沙发上醒来的时候，发现自己脸上有干掉的白沫，也不记得骂过自己的妈妈。当时你的手臂剧烈痉挛，好像马上就要抖成一堆碎片，每次抖动都在表达"去你妈的"这个意思。"去你妈的！去你妈的！去你妈的！"你会一直喊到下颌脱白，但毫无作用。

在这间纯白洁净的房间里，你活在一个语言之外的世界中。"没什么，我很好，我想我只是觉得伤心了。"你在这个独特的世界里看不见东西，它们对你来说就像黑夜一样。发作的癫痫是你用以穿越这个世界的工具。你在那儿摸索着，浑身痉挛，感受着这个特殊世界的边缘。

不发病的时候，你的身体一切正常。你也许觉得自己的腿太粗了，也许没这么想过。你也许有过一个闺蜜，在你家过夜的时候，她会到你耳边轻诉自己的秘密。你也许有过很多男朋友，也许还在等你的第一个。你小时候也许喜欢过独角兽，也许喜欢的只是普通的马。我想象你身上的一切可能性，然后清空想法，从头开始想象你的一切。有时，我无法忍受自己对你了解得那么少。

我本没打算堕胎后就做心脏手术。我根本不打算做心脏手术，但是心脏出问题了。复查的时候，医生认为我的脉搏太快了。我接受了动态心电监测，脖子上戴着一个小小的塑料盒子，一连 24 小时。这玩意儿连着我胸部的探头，检查出我心律异常。医生诊断我有室上性心动过速，他们认为探头在我的心律中检测到了一个异常的心电信号。怦！怦！怦！我的心脏本不该发出这个信号。

医生们和我解释了手术方案：在我的皮肤上开两个狭长的切口，就在臀部上方，然后从那里导入几根导管，一直上行到我的心脏。这几根导管会持续烧灼心肌上的一处结节，一直到监测的小盒子显示心律正常为止。

主治我的心脏病专家是个小个子女人，每天都在走道上敏捷地穿行于医院的各个办公室之间，那里是她的世界。我们可以叫她 M 医生。她说话总是非常简洁。问题不在于她的简洁里有什么意味（我也从来不觉得她意有所指），而是这种简洁干巴巴的，没有一点人情味儿。

母亲坚持让我在他们做这场心脏手术之前把堕胎的事情告诉 M 医生。这个要求很合理，但我一直没打这个电话，直到拖不下去为止。这很痛苦，我要打电话告诉一个几乎不认识的人说我堕过胎，而她实际上根本没问过我。这就像她没想看伤口，我却自己把纱布揭开了。

最后我还是给她打了电话，M 医生的声音显得很急，很不耐烦。我赶快把事情说完了，而她的声音听起来一片冰冷："那你想从我这儿知道点什么呢？"

我脑子里一片空白。直到听她这么讲，我才意识到自己想从她那儿听到的是一句"我很同情你的遭遇"——我是想听她说些安慰的话。眼泪夺眶而出，我觉得自己就像个小孩，像个白痴。我现在哭什么啊，以前我都没哭过，我知道自己怀孕的时候没哭过，告诉戴夫的时候没哭过，去做堕胎咨询以及决定去做手术的时候都没哭过。

"怎么不说话？"她问道。

我最后还是想到我要问什么了："当时给我做堕胎手术的医生需要知道我有心律异常吗？"

"不需要。"M 医生说，然后她停顿了一下，"就这些事？"她的声音听起来平淡得让人难以置信，我只能从中听明白一个意思：你干吗这么大惊小怪？是的，我觉得十分失落，也觉得自己可能小题大做了。之所以流泪，其实还是因为在堕胎的事上我一直忍着没有哭出来。我很没有安全感，又不知道怎么去表达，只得流泪或者忍着。

今天这些事都怪亚历山大，那匹坏马。在大多数情况下，我们总能毫不费力地找这样一匹马出来承担一切，可在我这个故事里找不出这么一匹用来指责的马，没有一个始作俑者来为这一切痛苦负责，因此，只有让 M 医生去当这个恶棍了。其实到头来，这一切只能归咎于我的身体，或者我所做的选择。我需要从这个世界得到某些东西，但根本不知道该怎么索取。戴夫也好，医生也好，或者别的什么人也好，我只是需要有人用一种能让我搞懂的方式告诉我，我的感觉到底是什么样的。如果你想要获得别人的同情，或者去同情别人，那么最好的方式就是把你的痛苦清晰地表达出来，以别人能弄懂的方式。

一个月后，M 医生站在手术台前，弯下身子向我道了歉。"上次通电话的时候那种语气，嗯，我很抱歉。"她说，"那次你和我说堕胎的事，其实我没弄明白你到底想要什么。"我没完全弄懂这个道歉的逻辑。"没弄明白你到底想要什么"，这是个靠强迫得来的道歉。大概在那之前，我母亲和 M 医生讨论我的手术时，提到了我上次通话之后的失落情绪。

现在，我穿着病袍，躺在那儿，全身麻醉开始时的那种晕眩刚刚袭来。我记起打那通电话的时候自己是多么无力，我大概一直在哭吧。那时候我很无力，因为我想从 M 医生，想从这个陌生人那里得到的东西实在太多了。现在我同样无力，全身躺平，等着一队医生烧灼掉我心脏上的一个结节。我想告诉 M 医生，我不接受你的道歉。我想告诉她，你没权这样向我道歉，在这样一个地方，在我一丝不挂地裹在一件纸病袍里的时候，在我马上就要再次被人切开的时候，你不能在这个时候向我道歉。你不能仅靠一声"抱歉"就卸下所有道义上的负担，我不同意。

现在，我只希望全身麻醉能把我带走，远离我的这些感受，远离我的身体将要感受到的。一瞬间，它做到了。

在和那些疯狂的医学院学生进行门诊模拟考试的时候，我总是在拼命压抑讨药的想法。这种想法是自然而然的。道格宝贝的妈妈会不想要点劳拉西泮①吗？得了阑尾炎的安吉拉会不想要点维柯丁②？面对十级痛感的病人，无论如何要给点什么吧？成为一个"标准病人"并不意味着你同时成为一个治疗对象，你只不过是一个扮演者而已。我不能脱离剧本，门诊剧本里也没有涉及治疗的环节。这个部分永远也不会和我们发生什么关系，因为我们假设它发生在问诊之后。

　　整个冬天的治疗期间，我在一位又一位医生手底下转来转去。一开始，某位医生给我做了堕胎手术，那天早上他还给其他二十个女人做了这种手术。"给"我做了手术。我们用的这个字眼太滑稽了，听着像是给了一件礼物。手术一结束，我就被推进一个昏暗的房间，在那儿有个留着白色长髯的男人递给我一杯橘子汁。这个人长得就像小孩画笔下的上帝。我一直记恨这个人，他非等到我把一摞硬饼干吃完才肯拿止痛片给我，但他是个好人，这种坚持是在关心我，我感觉得到，他是在为我着想。

　　G医生是我心脏手术的主刀医生。他负责在一台笔记本电脑上控制那根导管，听上去好像在操纵一架宇宙飞船。G医生手臂干瘦，有一头灰白的头发，声音听着很活泼。我喜欢这个男人，他说话很直。在我做完手术的那天，他走进病房，跟我解释手术失败的原因。医生在手术过程中烧灼了很多次，但是始终没烧对地方，他们甚至已经切开了我的大动脉血管壁想去弄清到底是怎么回事。但最后，他们还是放弃了，因为继续灼烧有可能毁掉我的整个循环系统。

　　G医生说我可以重新做一次手术，我可以授权他们把手术方案制订得更加激进一些，当然如果这样做的话，等我出手术室的时候可能

─────────────

① 劳拉西泮，用于镇静、抗焦虑、催眠、镇吐的精神科药物。

② 维柯丁，一种麻醉性止痛药。

已经戴上了心脏起搏器。说这些的时候，他显得非常冷静。G 医生指着我的胸部说："在一些苗条的人身上，你能清楚地看到起搏器盒子的轮廓。"

我想象着自己从全身麻醉中醒来时，肋骨上多了个金属盒子该是什么样子。我记得自己被吓住了：自己还没意识到身上会多出一件东西，医生却直截了当地提了出来。我怎么会忽略掉身上这件东西呢？会有这么容易忽略吗？G 医生的声音里透出一股冷静，这让我觉得自己应该感谢他，他没有冒犯我。为什么我不认为这同样是一种麻木不仁？

也许只因为他是个男人。我不需要他变成我的母亲，一刻也不需要，我只需要他知道自己在干什么。但是，这应该不是唯一的原因。除了面对我的恐慌，压抑我对心脏起搏器的恐惧，这个男人一直在帮助我理解这一切，有个无法摆脱的假心脏也没什么。他的冷静没有让我觉得自己无关紧要，我反而感觉到一份安全感。这与其说是在同情我，不如说给了我一个承诺，或许承诺本身就是同理心的体现吧。我觉得他知道，知道我想要的就是这样的承诺，而不是一份病情说明。

同理心是一种关怀，但关怀还有很多其他方式，而且只有同理心永远是不够的。我想知道 G 医生是怎么想的。我想要看着他，从他那儿感受到一些和我的恐惧完全相反的东西，而不是看着他把恐惧丢回给我。

每次我去看 M 医生，她总会敷衍了事地问一些关于我日常生活的问题作为开场白。"这几天你在忙什么？"然后她就会走开一会儿，好让我换衣服，接下来我能听到她在走廊里对着录音机说话："病人是一名耶鲁大学英语文学专业的研究生。病人的学位论文是关于成瘾症的。病人在艾奥瓦住过两年。病人最近在忙一本散文集。"下一次会面的时候，M 医生会提前重温上次录下来的内容，连珠炮一样地抛出一些新问题："你在艾奥瓦那两年过得怎么样？你那本散文集弄得怎么样了？"

这种所谓的亲密关系非常怪异，令人尴尬。我可以感觉到我们俩之间按照她的方式形成了一套明确无比的流程：询问病人，记录细节，重复以上环节。我成了她活页本上做的笔记。我能看到她脑袋上拴着的木偶提线。我恨这种感觉。她说的那些话完全不应景，也毫无善意可言。这套流程毫无意义，它把我们伪装成两个熟人，而不是承认我们并不熟这个事实。这样的流程让医患关系变得更加紧张，它不仅完全不能在我们之间建立亲密感，而且反而是一种冒犯。

现在，我能想象"另一种录音带"是什么样子的。这种带子的内容更加直白，到处都是修改的痕迹，内容颠三倒四：

病人来此是为了~~堕胎是为了做一场手术，好烧掉她心脏坏掉的那部分~~寻求医学方案以矫正心脏问题，因为上次手术失败了。病人将住院~~一晚三晚~~五晚，直至我们的治疗方案奏效。病人~~想知道她能不能在医院里喝口小酒~~想从护士站弄些全麦饼干吃。在病人通过跑步测试，心电图显示节律正常之前，不能安排其出院。病人近期做过妊娠终止手术，但我们不理解为什么她要告诉我们这个。病人起初~~未觉得~~受到伤害，但随后确认了这一点。病人~~避孕失败，而且未能明确解释她为何没有采取避孕措施。病人有太多感受。~~病人的伴侣认为她编造出了~~这些感觉~~。病人的伴侣很支持她。病人的伴侣始终在病人的床边陪伴她。我们看到病人的伴侣在亲她。病人的伴侣非常有魅力。

病人对手术失败感到~~生气失望~~愤怒。病人不想接受治疗。病人想知道治疗期间她能不能喝酒。她想知道可以喝多少。她想知道~~一晚上两瓶红酒算不算多~~喝上两杯行不行。假如要因手术而戴上心脏起搏器，病人不愿意接受第二次手术。病人希望每个人都明白这次手术并不是一件大事。病人希望每个人都明白，世界上很多人的病情都远比她严重，她为自己的病而哭是件很蠢的事情；希望每个人都明白在病人甩掉她的男友以及他们的孩子之前，她的终止妊娠手术与他们有关完全无关。病人希望每个人都明白这不是一个选择如果别无选择，她会感觉更轻松一点。病人理解怀孕期间喝酒是她自己的决定。她知道是自己决定了在脖子上戴着一个小塑料盒子的情况下去酒吧，然后喝得大醉，让自己的心电图变得一塌糊涂。病人性格复杂，喜怒无常，大多数时候心怀感激，但有时候很粗暴，有时候非常自私。病人已经理解正在努力尝试理解这一点：如果她希望知道大家是怎么关心她的，她就需要听话。

手术期间有三个男人一起在医院等着我：我哥哥、我父亲，还有戴夫。他们坐在同一条长椅上尴尬地交谈，随后移步到餐厅继续这样的交谈，然后……其实我并不清楚他们坐在哪儿，怎么坐的，我不在那儿。但我知道他们待在餐厅里的时候，有个医生进去找到他们，并说，接下来的手术要穿透我的一部分大动脉血管壁。戴夫说，当时医生们就是这么说的，"穿透"。再接下来，医生将从血管壁外侧烧灼掉另一部分结节。戴夫告诉我，那个时候他想跑进医院的小教堂里去祈祷，祈祷我活下去。他最后找到小教堂门后面的一个角落，在那儿祈祷不会被人看到。

我应该死不了，但那个时候戴夫并不知道这一点。祈祷与任何可能将会发生的事无关，它只和愿望有关。你爱这个人，爱到足以让你跪下来祈求她得到拯救。他在小教堂里哭，这不是同理心，是别的什么。他下跪，不是想去感受我的痛苦，而是祈求我的痛苦就此停止。

我学着去评测戴夫，看他在我身上到底有多少同理心。我总是核对列表的第 31 项。我希望每次我觉得痛苦时他也觉得痛苦，我感受到什么的时候他也能感受到。但一直盯着另一个人看他有多么关心你，这很累人。这会让你忘记，他们也有自己的感受。

我曾经相信，自己的痛苦会让你更透彻地理解别人的痛苦。我曾经相信，我感觉到的任何痛苦都是别人曾经感觉到的。现在我对这两者都不那么确定了。我知道，在医院里待了那么长时间让我变得自私了。每次做手术时我只会想，是不是还要再做另一场手术呢？当其他人碰上坏事的时候，我会去想象要是我也碰上同样的事会怎么样。我不知道这算是同理心呢，还是在偷窃别人的感受。

举个例子吧。有一年的 9 月份，我哥哥在瑞典的一间酒店客房里醒来时，发现自己的半边脸瘫了。医生诊断他得了一种叫作贝尔氏麻痹症^①的病。谁也不知道这种病是怎么来的，该怎么治。医生给他开了一种叫强的松^②的类固醇，副作用是恶心，这让他每天傍晚都要吐上一场。哥哥给我们发了张照片，模模糊糊的，上面的他显得很孤独，表情呆滞。在闪光灯下闪闪发亮的除了他的瞳孔，还有他为了防止眼睛发干而抹的眼药，因为他现在不能眨眼了。

我发现自己对哥哥的处境非常着迷。我试着想象戴上一张陌生的脸孔穿行在这个世界上是种什么感觉，想知道在这种情况下早晨醒来时会是什么感觉——在昏昏沉沉中忘掉了一切，忘掉了整个人生，然后突然发现：是的，情况就是这样。看看镜子，却还是那副样子。我试着想象如果每次从梦中醒来开始新的一天时，都要面对一张不完全属于自己的脸，这会让人觉得有点崩溃吧。

每天，原本就无所事事的我要在想象这个场景上花掉大部分时间。我就这么一遍又一遍地想象着自己的脸瘫掉了是什么感觉。我偷来了哥哥的伤痛，把它安进自己的身体，这就像一个偷天火的魔术。我不但沉迷于此，还告诉自己这种迷恋本身就是一种同理心。但它不是，真不是。它至多是一种投射。这种沉迷并不会让我进入另一个人的生活，它反映出来的不过是我自己身上的问题。

---

① 贝尔氏麻痹症，又称面神经麻痹症，是一种以面部表情肌群运动功能障碍为主要特征的疾病，一般症状是口眼歪斜。

② 强的松，肾上腺皮质激素的商品名。

戴夫并不认为别人不开心时自己也应该不开心。他不认为那样做是一种支持，他的方式是倾听、询问，然后把问题搞清楚。戴夫觉得贸然地去揣测别人的痛苦和完全不能想象别人的痛苦一样，是一种伤害。他认为我们应该更谦逊一点。他觉得我们应该坚强，应该坚守到底。戴夫一直在医院陪着我。整整五个晚上，他待在那张白色病床边，就在我的监视器上的一堆导线上面。这些彩色的线把我的心电信号传到我手上握着的一个小盒子中。我记得一开始我们抱着躺在一起，但有点挤，他就躺到了那一堆导线处，在那儿陪着我。我记得和他躺在一起的那些时光，为了陪着我，他愿意就这样睡在乱糟糟的线上。

为了让那些医学院学生们能对我们更有同理心，我们也需要对他们有同理心。我试着想办法给出他们要的答案，是紧张、恶心，还是麻痹感？怎么向他们提示他们的不足又不打击到他们呢？有个家伙和我握手的时候僵硬无比，就好像刚和我做了个买卖，另一个活泼过头的家伙特别急于表现自己的友好，结果连要先洗手的规矩都忘了个干净。

有一天，我们送了个蛋糕给我的标准病人导师以庆祝她的生日，蛋糕是白色的，上面用草莓酱画了格子。一群人围着会议室的桌子，各自拿了把塑料叉子就把整个蛋糕都给吃了，导师自己倒是一口没动。导师告诉我们，提示学生如何增进他们的同理心时，应该选择特定的句式，正确的句式是"当你……的时候，我感觉……"。"当你忘了洗手的时候，我感觉自己不愿意与你接触。""当你告诉我痛感等级没有十一级之说的时候，我感觉很迷惑。"这种句式也可用于夸奖，比如："当你问到我哥哥威尔的时候，我感觉你真的很关心我失去所爱之人这件事。"

1983 年，有一个名为"同理心的结构"的研究项目找到了四种与同理心直接相关的人格类型：敏感型人格（sensitivity）、创新型人格（nonconformity）、温和型人格（even temperedness），以及社会型自我认同人格（social self-confidence）。我很喜欢"结构"这个词，它似乎在暗示我们，同理心就像一栋建筑，有了相应的设计方案和结构图，我们可以像建一座住宅或大楼那样竖起脚手架，安装好水电，然后它就在那儿了。繁体汉字"聽"就是这样由多个部分组成的：代表耳朵和眼睛的汉字，一条水平线（表示全神贯注），以及代表心的悸动与泪水的部分。

如果仅凭着直觉就认为自己属于项目报告中的"敏感型人格"，那么这意味着你符合以下陈述，即"我时不时会用自己的手写下诗句"，或者"我见过那些悲伤之事，它们让我想哭"，而不是"我不在乎人家是不是喜欢我"。最后这句"我不在乎人家是不是喜欢我"相当于认为同理心本质上是一种感情投入上的等价交换，"我在乎你的痛苦"只是"我在乎你，因为你喜欢我"的另一种说法。对于这种人而言，在乎对方才会被对方在乎，在乎别人是因为能够感受到别人。别人的感受让我们在意，因为它有如物质，携带着重量，发散出引力。

但我没法理解报告里提到的最后一种人格类型，同理心怎么会和社会型自我认同有关系呢？我一直十分珍视感同身受的能力，因为它是一种深藏于内心的特权。一个观察者是羞于开口的，因为他能看到的东西太多了。当你能敏感地察觉到房间里的一切细微之处时，反而会不愿意再多说一个字。研究报告也认为："社会型自我认同人格与同理心之间的关系是最令人费解的。"但我得承认，这个解释是有道理的：社会型认同是同理心的前提，它不是充分条件，但能够保证"一个人敢于进入别人的世界，因此而怀有同理心"。我们应该认识到勇气对于同理心的重要性。这一点让我意识到，自己的同理心很大程度上源于恐惧。我害怕别人身上的问题会同样发生在我身上，也担心如果我没有把别人的问题当作自己的去看待，他们就不会再爱我。

芝加哥大学的心理学家让·戴西迪曾经做过这样一个实验，当实验对象对他人的痛苦产生反应时，他用fMRI[①]扫描并记录下了他们的大脑反应。戴西迪向实验对象展示了一系列与痛苦有关的图片（剪到手或被门夹到脚），然后把实验对象的大脑图像与真实受伤者的大脑图像加以对比。他发现尽管前者只是在想象痛苦，但图像中有三个区域（前额皮质叶、前岛和前扣带）的活动情况与后者是完全一样的。这种相关性很令人吃惊，但是，它到底说明了什么呢？我很好奇。

在哥哥患贝尔氏面瘫的几个月中，每天醒来的时候，我都会自我检查一遍脸颊有无松弛现象，眼皮有没有下耷，脸上有没有出现呆滞的笑容。但我做这一切不是为了帮助任何人。在这个过程中，我对自己的关注远远多过对哥哥的关注。那个面瘫的我并不存在，但是理论上，那个我分担着他的不幸。

我怀疑自己所谓的"同理心"其实一直都只是这么回事，每次都只是把靠假想唤起的自怨自艾投射到别人身上。说到底，这不过是一种唯我论吧。亚当·斯密在他的《道德情操论》中承认："当看到旁人的上肢或下肢遭受某种伤害，或即将遭受伤害，我们会自然而然地收紧自己的上下肢。"

无疑，我们在乎的是我们自己，但这依然会生出些美好的东西。如果能彻底设身处地想象哥哥的痛苦，那我也许会因而想到一系列问题，比如他此时需要什么、想要什么，因为此时的我正想着：我想要这个、我需要那个。但这依然是一种不可靠的预设，因为这样的话，他的痛苦就成了我可以按自己想法去玩弄并沉迷其中的东西。

我很好奇当医学院学生们问我"你感觉怎么样"的时候，我脑子里的哪一部分被激活了，而我回答"我的腹部疼痛达到了十级"的时候，又有哪些部分被激活了。我的所谓病情实际上都是假的，双方都心知肚明。我们仅仅是"走过场"，但这并不等于一切只是照本宣科。

---

① fMRI，功能性磁共振成像，一种使用核磁共振设备探测神经元活动的技术。

这一过程不仅在表现某种感受，也在生成新的感受。

同理心不仅仅是我们的一种身体反应，不仅仅是一阵流过大脑触突的脉冲信号，它同样是我们做出的选择——选择去关注别人，敞开心扉。我们意愿如此，意愿和单纯的神经冲动很像，但绝不是一回事。有时我们因为知道自己应该这么做，知道别人需要我们这么做才去关心别人，但这并不意味着关心本身是虚妄的。有选择就意味着我们的所作所为来自自我意识的主动创造，而不仅仅是个人反应的集合：哪怕我自己已经深陷痛苦之中，还是会去倾听别人的哀伤。因此，说医学院学生的行为只是在"走过场"，并不等于说他们对于自身行为会产生什么影响毫无认识，这些行为同样让他们深入别人的思想情感之中。称其为"走过场"并不是否认这种努力，这是劳动，也是行动，它更像舞蹈，一种进入另外一个人心灵的尝试。

承认这一点就意味着否认另一点：同理心不应出于某种目的，**诚恳应该等同于无所求，有所求与爱相反**。但我相信，有所求才能有所行动。我相信只有这样，我们才会在午夜醒来，打点好行装，时刻准备去寻找一个更好的自己。

莱斯莉·贾米森
妇产科
标准病人训练材料（续）

开场白： 你不需要开场白。每个到这里来的人原因都一样。
角色外在形象的表现方式与格调： 穿一条宽松裤，有人要求你这么穿。保持口齿清晰，要表达沉稳。你要在一个连你的名字也叫不出来的医生面前张开大腿，你知道这类流程。表现得像是你知道。
问诊中的行为表现： 要像点菜一样明确回答每一个问题。保持礼貌，反应积极，保持镇静。如果护士问你是否清楚手术流程，要毫不犹豫、绝无异议地说"是"。不要提及你第一眼看见验孕棒上那个粉色十字标记时的心情——那一刻你意识到自己可能会有一个孩子，自己竟然有能力拥有一个孩子，你惊喜不已。不要提到那一刻的喜悦，因为这会让人觉得你对接下来的一切还没能下定决心；不要提到那一刻的喜悦，因为它也许会伤害你。你要是提到了，别人会觉得你要放弃手术，这是肯定的。这一点是底线，越过了它，你所做的就再也不是出于自愿了。

你应该告诉护士，你以前不做避孕，但你不傻，你以后会做好避孕的。

如果护士问起你以前采用过哪种避孕措施，告诉她是避孕套。不过这话一出口，所有和你睡过的男人都会出现在这个房间，但你要无视他们。这话一出口，你的初夜记忆，那些笨拙和疼痛都会涌上心头，你还记得当时梳妆台上的收音机里罗德·斯图尔特正在低吟那首《断箭》："还有谁会给你带去一支断箭？还有谁会给你带去一瓶雨水？"但你要无视它们。

你要说你用过避孕套，但不是每次都想着用，比如在艾奥瓦墓地的那次，在黑河边小型车里的那次。不要说明你为什么不用，不要说因为冒这个险会让你觉得自己离那些男孩儿更近了一层，不要说这是因为你希望体验两个人的身体在一起时产生的那种神奇的沉重感。

如果护士问到你现在的性伙伴，你应该说"我们的关系非常固定"，说的时候要像是在进行法庭自辩。如果护士听得很仔细，她应该能从你的这种笃定里听到一丝潜藏的恐惧。

如果护士问你喝不喝酒，你要说"我喝"，要按照上述方式说。你当然喝酒，你要说得像你不觉得这是什么大事。靠喝酒放松是你的一种生活方式。即使知道自己身体里有个胎儿，你也喝酒。你这么干就是为了忘记现在身体里有个胎儿，让自己觉得正在发生的一切只不过是一部以那个身体里的胚胎为主题的电影。

护士最后会问，做这场手术你有什么感觉？告诉她，你觉得不开心，但你知道这是正确的选择。你知道自己在撒谎，但这看起来是一个正确答案。你感觉到的只有一片麻木，直到两条腿开始抽筋。然后你就感觉到疼了。全身麻醉用的药物从针头进入你的手臂，但也不过是让你稍微镇静了一些。几天以后，你一到晚上就会感觉自己的身体浮肿起来，伴随着炙热、抽搐、刻骨的痛。你只能尽量躺平，希望这感觉快点结束，哀求自己赶紧睡着，灌醉自己好赶紧睡着，这时你对睡在身边的戴夫充满怨怼。你只能看着自己的身体原因不明地流血，一直流血。这副皮囊变成一件有害的、累赘的东西，它不再完全属于你。整整一个月，你离开了你的身体，再回来的时候，满腔怒火。

经历了又一轮全身麻醉之后，你醒了。他们告诉你，尽管这轮手术烧灼掉了很多东西，但没能烧掉你心脏上坏掉的那部分。你终于回到了自己的身体里，发现自己并不孤独。在夜里全身浮肿的那个时候，你并不孤独，现在也一样。戴夫每晚都耗在医院里。你想告诉他你感觉到因为久未梳洗，头发一片油腻，令人作呕。你希望他听你说这些，如果需要的话一连听上几个小时，然后准确地感受到你感受到的一切。你们俩的心跳是如此同步，没有任何仪器可以检测到这种同步程度，两颗心脏就像那一对残废的兔子那样，竭尽所能地相爱。这样的幻想永无止境。"还有谁会给你带去一支断箭？"你希望他和你分手。你希望他同样被一个子宫折磨，但他没有子宫。你希望他承认自己是不可能受这种罪的。在每一场神经质幻想的结尾，你都希望他知道这一切到底是种什么感觉：又来了一个"光顾"你心脏的人，又一个陌生人脱掉你的衬衫，而你躺在一条浆洗到发硬的床单上，让这个人又一次把手指伸进你乳房下的褶皱里，让这个人又一次扫描、打印你的心脏图像，看看你的心脏节律是否恢复了正常。

这一切可以归结为一点：你希望他离你所受的伤害再近一

点。你想要他的谦逊、傲慢，甚或介于这两者之间的无论什么。乞求这一切让你厌倦，每次他给你这些东西的时候，你都要给他的表现打分，这让你厌倦。你想知道怎样才能不再自怨自艾，你想把它写成一篇文章。你把那张评分表丢开，让这个男人爬上你的病床。你让他蜷在一堆心脏仪器的导线上。你睡着了，他也睡着了。你醒来，心脏跳了一下，又一下，他也一样。

恶魔之饵

导言

对于保罗而言，这一切是从一次钓鱼旅行开始的。对于莱尼而言，这一切的开始只不过是一个瘾君子发现自己的指关节上起了一片疮。有一次游泳之后，黛恩发现自己泳镜周边的皮肤上长出了大量的粉刺。坎德拉注意到自己的皮肤长出一些奇怪的毛发。帕特里夏在墨西哥湾的海滩上被一群白蛉叮咬之后，一切就开始了。这种病开始的时候可能是一片水泡、皮肤损伤或瘙痒，或仅仅是脑子里的一阵烦躁、一阵迷糊。

对我来说，所谓的莫吉隆斯症一开始不过是又一个奇闻而已：一群人说自己得了一种怪病，没人，几乎真的没一个人相信他们。但是，他们人数庞大，差不多有 12 000 人，而且还在增加。患者描述的症状千奇百怪：疼痛、瘙痒、疲倦感，还有一种叫作蚁走感，说是好像感觉到昆虫钻进了身体……但有一点是相同的，每个人都发现自己的皮肤长出了奇怪的纤维状物体。

简而言之，这些人发现有一些不可名状的东西从自己的体内长了出来。除了纤维状物体，还有绒毛、斑点和一些结晶体。他们不知道这些东西是什么，从哪儿来的，为什么会这样长出来。但有至关重要的一点他们深信不疑：这些东西是真实存在的。

一个名叫玛丽·雷托的女人是第一个断定这种病存在的人。2001年，雷托带着她刚会走路的儿子去看病，这个孩子嘴唇上长了溃疡，怎么都好不了，而且还抱怨说有一些虫子在他的皮肤下爬。她找的第一位医生不知道该怎么和母子俩解释这件事，第二位、第三位也一样。最后，雷托从这些医生那里听到了她最不愿意听到的话：她也许得了代理型孟乔森综合征 ①，因为他们没有在她儿子身上找出任何毛病。于是雷托自己做出了诊断，莫吉隆斯症也诞生了。

莫吉隆斯这个名字是雷托从17世纪的论文中找出来的，文章的作者是一个叫作托马斯·布朗尼的人，他在这篇论文中写道：

> 我从很久以前就开始观察朗格多克地区 ②的地方性幼儿犬瘟热，当地称之为莫吉隆斯症，该病患儿背部会长出粗糙的体毛，这是该病发病的独特症状，病程中伴有咳嗽和痉挛。

布朗尼所谓"粗糙的体毛"就是今天这些患者自称身上长出来的那些纤维体，它们成了这种病的关键特征。网上有一些这种纤维体的图片。经过放大，你可以看到图片里有一些丝毛状的东西，有红色的、白色的、蓝色的——就像美国国旗的颜色，还有些则是黑色的或透明的。这些纤维体可以让你联想到不少东西，水母、电线、动物

---

① 孟乔森综合征，一类通过描述、幻想疾病症状，假装有病甚至主动伤残自己或他人的心理疾病。代理型孟乔森综合征患者会虚构甚至制造他人身上的各种症状，常见于父母与孩子、护士与病人之间。

② 朗格多克地区，位于地中海西南，大部分位于今法国南部地中海一侧。12世纪，阿尔比派在此建立独立政权，15世纪被纳入法国领土，具有独特的文化传统。

毛发、太妃糖的糖丝或者你奶奶毛衣上起的球。有些纤维体被称为"金头"，因为它们带有一个金色的囊胞；有些虽然细小，看起来却像眼镜蛇爬出了皮肤，正准备咬过来；大多数纤维体的样子很难形容，但看着都很凶险、扭曲，仿佛专门被人弄成了那个样子。但这些图片都经过了放大，因此你很难判断自己看到的到底是什么，哪怕你已经看到了皮肤。

这些患者开始到处找医生检查这些纤维束、斑点和绒毛，还把它们弄下来，保存在保鲜盒或火柴盒里。皮肤科医生用一个专门的词来称呼这种行为："火柴盒症状"。这是一个信号，它说明这位病人已经决心证明自己确实有病了，对这种病人不能加以信任。

2005年左右，莫吉隆斯成了一个非常热门的话题。相信自己得病的人自称"莫吉人"，并且开始组织抗议活动来反对医生诊断自己患有DOP（寄生虫妄想病）。2006年，美国疾控中心对这种"病"进行了一次全面调查。当时，主流报纸相继发表了一系列文章：《是疾病还是妄想？》（《纽约时报》）、《疾控中心调查怪病莫吉隆斯症》（《波士顿环球报》）、《怪病莫吉隆斯症挑战传统医患关系》（《洛杉矶时报》）。

就在同一时期，有一个叫作查尔斯·E.霍尔曼基金会的莫吉隆斯症游说组织开始在奥斯汀为患者、研究者和医疗从业者组织每年一次的论坛。当然，其实任何人都能去参加这个论坛，不管是否属于上述人群之一。这个基金会的冠名人，就是这位查尔斯·E.霍尔曼，把生命的最后几年都花在了调查妻子的病上，他的遗孀今天依然在组织这个论坛，也依然没有痊愈。在这个总是不断拒绝承认这种病痛存在的世界，这个论坛为像她一样的人提供了一处庇护所。论坛的与会者之一在写给我的邮件中描述了这种庇护：

> 受这样的病痛煎熬已经够糟糕了，但我们这些患者最大的痛苦是被当成这个世界上最大的笑话。我惊异于有那么多得了这

种可怕疾病的人，可他们中竟然没几个想去自杀……围绕这种疾病发生的故事比你意识到的要异乎寻常得多。莫吉隆斯症就像一场巨大的疾病风暴，关于这种病的整个故事里有英雄，有恶棍，还有各色各样复杂的人，他们大多只有一个念头：坚持自己的看法。

2012年1月，疾控中心最终公布了研究结论——《某不明皮肤病的临床医学、流行病学、组织病理学与分子生物学报告》。导言、研究方法、研究结果、讨论、参考文献，这份报告有着完美无缺的格式，却没给出任何明确的结论。报告是由一个叫"不明皮肤病专项研究组"的研究团队完成的，他们调查了115位患者，进行了皮肤样本检测、血液检测与神经认知测试。但这样一份报告没有给寻求认同的莫吉人们带来任何安慰。报告这样结尾："团队无法根据现有研究下任何结论，既不能对这一新出现的不明皮肤病做出明确界定……也无法支持已有的一些判断，比如这样一种病症实际上是妄想症造成的。"

结论？也许这病并不存在。

研究方法

韦斯托克浸信会教堂位于斯劳特巷，在我想象中的那个奥斯汀往南几英里的地方。在我的想象中，奥斯汀应该到处都是卖美味甜甜圈的餐车，旧货店里应该堆满了兽头标本和蕾丝饰品，路上飘扬着从拙劣的复古牛仔酒吧里传来的忧郁的吉他声。但斯劳特巷里没有这些，这儿有一家沃尔林格药店，一家丹尼斯餐厅，一个被20英尺（约6米）高的十字架那细长的阴影切割的停车场。

教堂低矮的主楼是灰蓝色的，被一大群临时拖车包围着。一面会议横幅上写着："寻找异常纤维体"。我是在疾控中心的报告发布之后来的，莫吉隆斯症患者们在这次会议上聚集，重新组织起来，共同发声，表达抗议。

一群友善的女人在入口处迎接来人，每个人身上的 T 恤都一模一样，印着 DOP 三个大字母，上面划了一条红色的删除线。大部分与会者看上去就是那种典型的中西部家庭主妇形象，整洁、友好。我了解到 70% 的莫吉隆斯症患者是女性，在这种疾病带来的孤立与鄙夷面前，女人尤其脆弱。

接待员引着我直接穿过一个精致的自助餐台，然后进入作为主会场的教堂正厅。演讲者的位置在正厅中央的一个临时讲台上，身后是放幻灯片的屏幕。大厅里另有一个舞台，上面放满了音乐设备，厅里每条教堂长椅都用布盖着，椅面上都放着一盒舒洁面巾纸。大厅后面有一个专门的饮食区，桌子上排着废弃的咖啡杯，堆满沾了松饼油脂的塑料包装盒，还放着光秃秃的葡萄串茎。大厅一侧有一扇彩色拼花玻璃的窗子，图案是一圈深蓝色围着一只乳白色的鸽子。彩色玻璃已经有些褪色了，窗子很小，鸽子看起来像是被困在了一个陷阱里，再也飞不起来了。

这场会议的会程设置多少参考了匿名戒酒互助会或贵格会的做法，大家能在讲演的间隙直接走到讲台上分享看法，或者就坐在椅子上讲，探着身子，以便看清其他人的肢体语言。即使有人演讲的时候，与会者也在互相交换手机里的照片。我听到一个男的和一个女的说："我在干活的地方边上找了个破公寓住着，几乎一无所有。"女的回答："至少你还有工作，是吧？"

我还听到很多其他的对话内容，比如这些："所以你的那种感觉是从头到脚，一波一波的？……你看得到这些东西一坨一坨冒出来，就这么从你的皮肤上掉下来？……你从你爸爸那儿传染的？……你传染给了你儿子？……我的孩子们都还小……他的头发里有那些纤维，皮肤上还没长出疖子……我用过一茶匙的盐和一茶匙的维生素 C……我喝过一阵子硼砂溶液，但没坚持下去……人事部的人和我说不要老讲这个了……你的胳膊比去年好多了……你看着比去年好些……你比去年感觉还是好点了吧？……"我甚至听到有人在说他们的皮肤其实是在"表达"些什么，还有人说"这是个孤独的世界"。失去的时光就这样仿佛幽灵般四处游荡在这些话语中间。

这些在讲座中忍不住说悄悄话的人正是我最想聊上一聊的对象。这时候，咖啡座就成了个好地方，因为这些人总会聚到那儿。当然，只要喝咖啡，我就会一直去厕所，而在那儿找这些人就更容易了。他们第一眼看上去没什么怪异之处，但你只要靠近点看，就能看到他们裸露皮肤上的那些疤、肿块和痂痕。这些东西覆盖在每个人身上，就像是化石，或者遗址，这暗示着你，在他们的皮肤下面曾经存在过某些东西。

我碰到了帕特里夏，一个穿一身长春花纹样套装的女人。帕特里夏说，在一个夏天，白蛉袭击了她，然后一切都改变了。我碰到了雪莉，她觉得自己一家人都得了病，因为有一次他们在一个叫洛基岩的地方露营，那里到处都是壁虱。雪莉的女儿常年服用抗生素，她为了搞到药只好不断地向医生扯谎。

我还碰到了黛恩，一个来自匹兹堡的护士，举止优雅，谈吐讲究。黛恩腿上有很多白斑，在我看来像是刚形成不久的抓痕，或者皮肤感染留下的痕迹。抗生素在她的小腿上留下了很多黑色斑纹，她曾经因为这些瘢痕被误认为艾滋病人。自我诊断为莫吉隆斯症患者之后，黛恩还是接着做她的全职护士，因为她需要这份有意义的工作来化解自己的沮丧。

"我很愤怒，因为那么多年得到的都是误诊。"她说，"他们总是告诉我，这只是焦虑而已，是我脑子里那些女人的玩意儿在作怪。所以我试着化悲愤为动力，我拿到了学位，还在护理学刊物上发表了文章。"

我问她什么叫"女人的玩意儿"，她用心脏病给我举了个例子。很久以来，人们总是忽略女性心脏病的存在，因为那些症状总被认为是焦虑的表现。我意识到黛恩的病是19世纪歇斯底里症那复杂历史的延续。黛恩说，那些和她一起工作的护士都很有同理心，可医生不是这样。她认为这不是巧合，因为大多数护士是女性。现在，护士们在伤口里发现一些奇怪的东西时，比如绒状体、片状物或者束状体，都会来找她，把她当作这些难解症状的专家。

我问黛恩，这个病最让人难以承受的地方是什么。一开始她的回答很宽泛："不确定的未来。"但很快，黛恩开始把这个话题引向一些更加具体的东西："我害怕恋爱，谁会接受我？"她断断续续地回答，"我只是觉得自己很……怎么说来着……不够出众，但却很……全是疤痕还有这一类的东西，什么样的人会喜欢这样的我？"

我告诉她，在我看来她的疤痕并不明显，我觉得她很漂亮。她对我说"谢谢"，但其实我的赞赏听起来非常空洞，当你年复一年地积攒着对自己身体的怨恨，陌生人的一句恭维并不能让你就此解脱。

当黛恩向我描述那些身体上的违和感时，我只能用最简单的方式，就是把她和自己联系在一起的方式来回应她："是的，我也有过这种感觉。"其实，那和我曾经在自己身上感受到的违和感真的很相似，仿佛是在为我做着总结。但我从来没有像她那样把这些问题给说出来，给出一个清晰的描述。我所能做的只是把这一切定位到身体的具体部位上：躯体、大腿、脸。因此，这种共鸣感让我开始理解莫吉隆斯症到底是什么。这种病可以被形容为一个容器，或者一场洗礼，它把那些我总能感受到却又总是无可名状的痛苦变得具体起来。疾病，等同于不安。① 尽管如此，我还是觉得企图这样作比是一种粗暴的行为，是对他们的一种质疑，因为他们一直在坚持的，正是这些感受本身所对应的肉体现实。

我想把莫吉隆斯症转化为某种隐喻，某种抽象人类共性的身体表现。然而这种想法是危险的，它会掩盖那些痛苦独特而自发的本质，

---

① 原文此处将 disease（疾病）这一单词拆解为 dis-ease，意为非自在、非舒适的状态。

而被这些痛苦缠绕的人们现在就站在我面前。

只要我这么做，那么这些人的面孔就会轻易地被相对主义消解掉：莫吉人只不过是一群活生生的象征物，他们代表的是我们每一个人，我们这些艰难地活在身体里的人。我能轻而易举地把这些生命纳入某一种，或者某一类隐喻结构之中，就像我可以简简单单地把这样一群人写进一篇文章。

有个叫丽塔的女人是从孟菲斯来的，她也是一个护士。她和我聊的话题主要是医生，那些从不相信她的医生。那些人告诉她，这一切只是因为她不走运，或者干脆说这只是因为她已经疯了。丽塔的那些远房亲戚给她吃闭门羹，他们就像逃离一个幽灵一样狠狠地把她抛在一边，这让她很受伤。

丽塔告诉我，因为这种病，她丢了工作，丢了丈夫，而且已经很多年没有健康保险了。她还说自己真的能看到有东西就在皮肤下蠕动。可我相信她吗？我只是点着头。我告诉自己：可以认同这些对痛苦的表达，但却不能认同她所说的病因是真实的。

丽塔告诉我，她现在负责一条莫吉隆斯症热线。当有人觉得自己可能得了莫吉隆斯症但又无法确定的时候，他们会打这个电话。我问她一般会和他们说什么。她说会安慰这些人，告诉他们，这个世界上还有很多人会相信他们。

我问丽塔，她觉得自己给出的建议里最重要的是哪一条。"不要去采集皮肤样本。"这是第一原则，不然立马会被人当作疯子。

我曾经在自己身上采集过类似的样本。那是一条长在我脚踝上的蠕虫，一条跟我一起从玻利维亚回到美国的肤蝇幼虫。人肤蝇会把卵产在蚊子的口器上，卵随着蚊子的叮咬进入人类皮下。在亚马逊，这种事稀松平常，但在纽黑文就不一样了。一天午夜，我眼睁睁看见自己身上钻出了一条小小的白蛆，于是我打了车赶往急诊中心。我记得自己赶到急诊中心后说的第一句话是"有条虫子在那儿"，我记得所有人在那一瞬间齐刷刷地看向了我，无论是医生还是护士，人人面目和善，却充满质疑。那一刻，质疑的气味瞬间在空气里弥漫开来。然后，医护人员问我最近有没有服用过精神类药物。这种孤立感比虫子本身还让人难受，因为我意识到，这条虫子只存在于我自己的世界里，而其他人从这一刻开始都活在另一个世界里了，一个没有那条虫子存在的世界。

在玻利维亚的几周里，我一直都疑心自己皮肤下面是不是有什么东西，所以，当这条虫子用那张白色的小嘴把脚踝处的皮肤咬开，暴露在我眼前时，我真是松了口气，因为我终于可以确信自己的怀疑是正确的了。这就像奥赛罗的黛丝狄蒙娜问题：担心一个最坏结果的到来其实比知道它真的存在要更糟心。到最后，你会开始渴望那个最坏的结果成真，渴望看到你妻子真的跟别人上了床，渴望看到虫子真的爬了出来。在这一刻之前，这些只能是一种可能。到底什么时候才会发生？至少现在你不需要猜测了。

医生最终确认了那确实是条虫子，我记得自己那时激动得一塌糊涂，对医生好一番感恩戴德。黛丝狄蒙娜真的搞上别的男人了，这是一种解脱。今枝医生把虫子扯了出来，放在一个小瓶子里递给我。这条蛆有剪下的指甲那么大，白色的身体上覆盖着一层像绒毛一样的黑色细齿，就像一小团脏雪。两种满足感同时在我心中涌起：虫子没了，我是对的。然而，这份安心只维持了30分钟，接下来，我开始因为另一个问题陷入怀疑之中：是不是还有其他蛆没有孵出来？

接下来几个星期，我一直在观察脚踝，今枝医生在蛆钻出来的地方切开了一个口子，我无法自制地不停在那儿检查是否还有虫子在皮下。就这样，我从一个字面意义上的寄生虫寄主变成了另外一种寄主：一个死抱着某种念头，不再相信人的女人。我强迫男朋友每天晚上给我做一遍"凡士林测试"。网上说在伤口涂满凡士林会让虫子窒息，而擦掉凡士林，想象中的第二条虫子就会钻出来透气。

这条虫子始终没有出现，但我并没有放弃，依然继续寻找它。也许是因为这条虫子实在太狡猾了，看到同伴的遭遇后，它就不爬出来了。我没完没了地检查那个伤口，寻找虫卵或者虫子爬过的迹象。无论是疤痕、创口贴的痕迹，还是瘀青和抓痕，找到什么算什么，那都是证据。那儿有条虫子，或者可能有条虫子，这样的念头比真知道有条虫子还糟糕，因为你完全没法摆脱这个念头。"虫子没了"变得遥不可及，只剩下"我还没看到"。

所以，在这个会上听说莫吉隆斯症患者常常花几个小时拿着显微镜检查自己的皮肤时，我想，**我能理解他们**。我也花过大把时间检视我的蛆虫切口，拼命在它参差不齐的边缘寻找任何可能是寄生虫留下的痕迹。我找到一些硬化的皮肤，少量咬痕，还有些奇怪的条纹，不知是绷带还是什么鬼东西留下的。我就像用茶叶渣算命一样去解读这些痕迹，只是想搞清楚，到底是什么把我的身体变成了一个陷阱？到底是什么把我给困住了？

我不想用自己的故事以偏概全地去解释莫吉隆斯症患者的经历。无论我的那条虫子是否真的存在，我的故事和他们的都不见得一样。老实讲，我真不知道他们的痛苦到底源自何处，是皮肤上的沙沙声，是疖子，还是没完没了地出现的痂痕。我只知道自己身上的肤蝇幽灵告诉我，身上没长虫比长了更加糟糕。

其实有一点很容易被我们忽略：托马斯·布朗尼爵士坚持认为那些朗格多克幼童背上的"粗糙体毛"本身是有价值的。他告诉我们，这些怪东西长出来之后，"这种疾病的焦躁症状"会得到一定缓解，这些患儿因此能够从病痛中得到解脱。这表面上像是在说生理症状导致病情减轻，但我想他是指当这些症状出现后，医生就可以诊断出相应的病情，然后就有办法去对症治疗。

但被诊断为莫吉隆斯症则不同，它把"不知道是什么"变成了"暂时无法治疗"。这种病给患者的身体状况提供了一种解释、一个容器、一个社群。我们很难说在这样一个过程中，患者到底获得了什么，至少他们并没有从此自我感觉良好，甚至也没有比以前少受罪，但是，这个过程至少让那种无穷无尽的猜测有了一个具体的目标。

因此，因为这个名目，那种遥遥无期可以就此终结了。丽塔告诉我，当莫吉隆斯症占据了她的整个生活之后，自己终于可以把人生分成两个部分：患病前，患病后。

坎德拉曾拨打过丽塔的热线电话，那时候她已经快疯了。现在，她就在这个会场里。碰到我的时候，坎德拉正坐在教堂的台阶上抽烟。她说也许自己不该抽烟——她看着教堂做了个手势，抱歉的表情浮现在那张带疤的脸上——但还是抽了。坎德拉的下巴和脸颊都化了浓妆，然而我还是能看到那些溃烂的痂痕。但是，这个女人既年轻又漂亮，有一头乌黑长发，身上那件紫色宽领衬衫让她看起来更像是正要去泳池边消磨时光。但此时这个女人正在一座浸信会教堂里，和我聊着自己皮肤下面的生物，这让我有些难以接受。

坎德拉说自己并不在意会上那些科学演讲，但她似乎很期待明天的会议内容。那是一场高精度显微镜的现场讲习会，这才是她来这里的目的。坎德拉也看到了那些东西，一开始觉得只是毛发，现在则认为那就是所谓的纤维体。坎德拉觉得要是有显微镜的话，自己一定能在皮肤上找到更多这类东西。这样的话，她就有证据了，至今为止都没拿到过的证据。坎德拉没有医疗保险，也没有医生会相信她，第三方检查则会花掉她半个月的房租，因此，她特别想靠自己把这件事搞清楚。"我毁了我的下巴，"她说，"那种感觉和你自己动手从下巴上拔掉一块玻璃差不多。"虽然她抹了米白色粉底，你还是能在她的下巴上看到一些凸起，还有血痕。

坎德拉强调说，自己从没像其他青少年那样长过粉刺，在突然得病之前，她拥有一张毫无瑕疵的脸。坎德拉很庆幸自己参加了这次会议，因为在这儿，她知道自己不是唯一一名患病者。如果不是参加了这个会，她也许又要怀疑自己是个疯子了。

二联性精神病①，这是对群体性妄想的临床称呼。每位莫吉隆斯症患者都知道这个词，因为别人给他们定罪的时候会用到它。但如果说现在在这座教堂里有一场二联性精神病大爆发，这又不太准确。这一切更像是一场群体癔症，一整个教堂的人都在做同一场噩梦。

我问坎德拉有没有怀疑过自己，也许她所担心的事情其实根本就没发生过，也不会发生。

"可能啊，"她点了点头，"但你看，我知道我脑子并不差，而且还没全疯掉。"

她告诉我，其实跑到这儿来让她觉得有些害怕。在未来的 2 年里，她下巴上的皮肤会剥落吗？她会因而住进急诊室吗？洗澡的时候会吐出虫子来吗？20 年之内，她的生活就会像身边这些人的一样，被这种病完全吞噬掉吗，还是会更糟？

最近，她觉得身上那些症状好像在恶化。"我一直在试着摆脱这些东西，"她停顿了一下，"而它们现在好像开始从我身上往外爬了。"

这场聚会只会让坎德拉发现自己将无可避免地坠入某种恶性循环，而我不希望这样。我试着给她举一些好转的案例，然而并没举出什么。但坎德拉告诉我，她同情那些比她还糟的人。

"每个人生来都有两种身份，"苏珊·桑塔格②这样写道，"一个身份属于健康世界，另一个则属于疾病世界。"大多数人活在前者中，直到有一天不得不被划为后者的居民。现在，坎德拉就在这两个世界之间过着一种双重生活，疾病并没有完全征服她。坎德拉告诉我，她约了朋友晚上去城里吃寿司。她依然可以理解这种疾病之外的自己，做些正常人做的事，渴望正常生活里的一切。

---

① 由某一精神障碍患者诱发另一患者同时患病，通常称为二联性精神病，如诱发对象增多可称为三联、多联乃至群体性精神病。

② 苏珊·桑塔格，美国作家、艺术评论家、艺术理论家，当代西方最重要的女性知识分子之一。

但就在几分钟前，丽塔告诉我，一年中只有这三天她没有那么孤独。我不知道要是再拖几年，坎德拉会不会变得像丽塔一样完全生活在疾病的世界里。她已经发现自己越来越无法离开自己的房子，越来越为自己的脸而感到尴尬。我告诉她，我不觉得她的脸有什么可尴尬的。"我知道，这话我说起来很容易，但你说的是你自己身上的事。"我笨拙地补充了一句。

　　但是我并非真的一无所知。是的，这种尴尬感来自你的脸，除此之外，掺杂其中的或许还有严重的残缺感、觉得自己像个摆设一样的羞耻感、对丑陋的恐惧感。这些感觉是如此强烈，无法摆脱。

　　但在这个会场里，坎德拉希望别人能看到她，越近越好，她想要被人放大了看，她想要一个证据，她需要被肯定。

　　"总不会我们这些人全是妄想狂吧。"她说。

　　我点了点头。点头就够了，这样我就可以只认同这种情感本身而不涉及其他。只要点一下头，不可知论和同情就可以共存。

　　"如果不是发生在我身上，"坎德拉说，"如果这只是个传闻，我大概也会觉得这帮人都是疯子。"

　　不知为什么，她这句话让我感触良多。这个女人身上有一份独特的优雅，她能设身处地琢磨别人的感受，包括那些不会以同样方式对待她的人。

　　"这事不只发生在你一个人身上。"我最后说。她觉得我说的"发生"指的是这件事情，而我指的是一些其他问题：不是指莫名的纤维体之类，而是一些精神或者身体的问题，在这个孤独的世界上或许两者终究是一样的——我们总是在尝试去讲一些鬼才知道到底是怎么回事的东西。

　　会议的上、下午场之间有中场音乐秀。音乐秀上，一位穿着牛仔裤和法兰绒衬衫、打扮得像个得克萨斯小外甥的小伙子唱了首乡村摇滚，内容自然是莫吉隆斯症。"我们会得到你的泪水和掌声，"他低声吟唱道，"只要你相信我们……"这段歌词重复了好几遍，歌手唱得磕磕巴巴，好像这场表演只是为了勉强应付远房亲戚的邀请。不过他还是勇敢地唱出了每一首歌："医生，你为什么不告诉我真相？你真的看不见有东西在我体内横冲直撞？"音乐秀上有很多歌曲，有些像是战场上的呐喊，有些像求雨舞，有些让人精神一振，有些又像哀叹着唱出的挽歌。

下午场的明星是一位来自劳里顿①的内科医生，大伙叫他"澳洲佬"。澳洲佬的演讲通篇都在反驳疾控中心的报告，他在演讲过程中不断把这篇报告称为"一桶泔水"或"一堆马粪"。他就像一个虚张声势的澳洲鳄鱼摔跤手，先把莫吉隆斯症压倒在地，再使出一套组合拳。他把医生们一分为二，好的一边是肯听莫吉人倾诉的医生，坏的一边则是那些不相信莫吉人的医生。这个澳洲人非常明确：他愿意倾听，他是好人。

澳洲佬的这种做法直接戳中了观众的痛点，全场气氛一下子就被炒热了，他的演讲因此非常成功。他向整个大厅的观众展现了自己作为斗士的形象，不断把话题引向极端，然后之前的那首歌又被这些极端话题给引了出来。一屋子人都在齐声高唱："医生，医生，你为什么不告诉我真相……"这几句就这样成了倒霉蛋们的圣歌。澳洲佬还丢出了一个新术语——DOD，即"医生的妄想"。人们为此鼓掌，大声喝彩。妄想？自大的妄想。凭什么？你们嘴里的所谓"寄生虫妄想"同样也不过是一种妄想，你们这些医生竟然傲慢地认为自己对别人身体的了解比他们自己还多。澳洲佬反反复复地对空质问着，而"妄想症"这个词就这样被用来反击那些率先抛出它的医生们。

澳洲佬是个救世主？是个自私鬼？也许两者都是。但对我来说，重要的是他能够激起那样的集体狂热，能得到掌声。他召唤出了情绪的幽灵们，它们都来自这群人一次又一次与冷血医生打交道然后不了

---

① 劳里顿，澳大利亚新南威尔士州城市。

了之的过去。整个大厅里充斥着各种伤痛，它们不只来自坑坑洼洼的双腿、爬满白色疥痕的皮肤，更来自那些假笑和沉默，敷衍写下的处方，被判定为异类、被形容为荒唐时医生的武断态度。在这个大厅里，每个人都经历过这些。我对口水战无动于衷，让我备受感动的是这些曾深陷泥潭的人们，这些热烈鼓掌的人们，和这片掌声中蕴含着的解放意味。在这里，在韦斯托克的浸信会教堂，这些莫吉隆斯症患者终于重新成为人。

结果

很明显，这不是一篇旨在说明莫吉隆斯症真伪的文章。这篇文章要讨论的是何种现实才是同理心的先决条件。这是一个两难困境：你相信对方是痛苦的，却不相信这痛苦的源头是真实的，这是所谓的同理心吗？对一些人的痛苦感同身受，而却不去接受这些人对痛苦的理解，我真的可以这样做吗？这个矛盾深嵌在本文的方方面面之中，直至每一个动词、每一个标点符号。这些人真的感染了寄生虫，或者这只是一句谎话？这些人是**真的发现**自己感染了寄生虫，还是只**不过沉溺**于这种感觉？我希望自己能找到某种留有更多回转余地的语态——不必假装自己可以精确描述其中存在的机制，承认自己存在局限，因为每个词、每句话都会让我陷入深深的纠结。在这篇文章里，甚至每一个句式的变化都是一种对怀疑或者事实的论断。

面对现实，意味着你必须接受这里每一个人的"现实"都是各不相同的。如果你认为莫吉隆斯症是"真"的，那就意味着你要承认确实有某种无法解释的东西会从皮肤下面冒出来，可能是真菌、寄生虫、细菌或病毒，某些引发疖包或敏感反应的媒介物，"咖啡斑"或黑色颗粒状病变，或者其他任何实际可见的东西。在网上的一份病情自述中，有个女人说她的手臂布满了疤痕，看上去简直就像一座雕塑花园。可问题是，至少在医学诊断的意义上，如果医生看不到这些雕塑，那么这座花园就不是真实的。

我发现，参加这个论坛的大多数人在某种意义上都把这种病理解为"我们"与"他们"之间的一场对抗。"我们"指病人，团结起来对抗"他们"，后者既包含疾病本身和寄生虫的传播中介，也包括那些拒绝相信莫吉隆斯症存在的医生。

因此，说莫吉隆斯症患者在"瞎编"，这个词的内涵其实比字面意义复杂得多。从故意伪造到瘙痒难耐，它可以和这个过程中的任何一种状态相对应。痒很可怕，挠痒的冲动就像药瘾一样会反复刺激神经系统。在《纽约客》一篇题为《痒》的文章里，阿图·葛文德描述了一些科幻恐怖小说中才会出现的故事：一个马萨诸塞州的女人患了慢性头皮痒，结果挠穿了头骨，一直挠进了脑子；一个男人在夜里不断挠脖子，挠穿了颈动脉后一命呜呼。但这些可怕的瘙痒究竟是一种皮肤症状，还是只是脑海里的一个念头，没人知道。实际上，我们无法准确区分这两者，因为它们本质上是一回事。这篇文章所谈的东西就像瘙痒一样，是在身体和精神之间不断反馈循环的一个怪圈，你在精神上认同它，就会在紧张不安中不断去强化自己身体上的症状。

我开始理解这里的"真实"和"不真实"并不取决于这一现象是物质的还是精神的，而更在于这样一种痛苦是来自外部世界还是我的内心。因此，在这个大厅里，你绝不能提"这些痕迹可能是病人自己挠的"这种看法，一个字也不行，这是禁忌。任何认为病人自己伪造病症，比如往身上植入纤维体的说法，都会被这群人不顾一切地反对到底。因为这些说法是在把责任归到患者身上，不仅认为疾病本身不存在，更认为患者不值得同情，不该得到帮助。寄生虫或病菌，这些词都能指涉一定的外物，同样，坚持认为疾病是一种外物，是**它们**，病人就能获得并始终保持一个受害者的身份。

当你把自我想象为一个整体，把组成自我的物质、意志和精神内容都看作一个整体的构成部件，那么你才可以并坚持认为伤害只会来自外部。但其实就像我曾经体验过的那样，自我其实比我们所想的更加混乱，更加倾向于"自我毁灭"，它既不是一个整合如一的整体，更不会始终如一地保护自身。

会议中有一场讨论是关于一种病菌的，人们讨论它有没有可能是莫吉隆斯症的致病源。讨论过程中，一个女人举手发言。"也许他们说的自体免疫疾病**根本**就不存在，"她说，"因为这根本就说不通。"她最大的疑问在于，为什么身体会自我对抗呢？她认为所谓的自体免疫疾病，也许只不过是身体在抵抗尚未到来的侵害。身体不可能自我伤害，这是她的观点得以立足的理论基础。她的这种逻辑体现的正是对于身体统一性的笃信。

可令人觉得反讽的是，坚持这样一种观点，本身就已经在对抗自我。坚持这种观点，你就必须不再对身体是否会自我背叛有任何疑虑，不能把疾病看作身体自身就可以克服的异常。疾病必须成为一个他者，这样你才有可能去对抗它。

如果所谓的"自我对抗自我"是对的，你会看到什么呢？一场"身体中的内战"吗？其实相比之下，我在这个会场所看到的那些疗法或许更切合"自我对抗"的内涵：刮擦自己的皮肤，冷冻它，用酸、激光或电击来刺激它，在瘙痒来临时没完没了地去抓挠它，去磨蹭它，去服用那些原本只有体形大过人类三倍的野兽才受得住的广谱抗生素。用这些疗法无所不用其极地去攻击自己的身体，一个好好的人被撕成了碎片。

所谓"人应该自我实现"这种偏狭的美国神话与另一种信条紧密相连：任何一个自我实现的人都能稳定维持他得以实现的任何一种自我。人是自我分裂的、自我毁灭的，这样的看法违背了这个神话，违背了我们对于绝对意志力的信仰。既然患者输给了自己，他自然无权得到旁人的同情，至少逻辑上如此。但我很疑惑，为什么自我毁灭者就不能获得与自救者一样多，甚至更多的同情呢？

我翘掉了下午的第二场演讲，在茶歇处和两个偷闲的男人聊了一会儿。保罗是个金发的得克萨斯仔，穿一条直筒牛仔裤，配一条嵌银的皮带。莱尼来自俄克拉何马，发型一丝不乱，留着鬈曲的小胡子，肤色黝黑。两人都穿一身法兰绒衬衫，下摆勒进裤子。

这两个人中，保罗是患者，而莱尼来这儿是因为他觉得自己找到了治愈之法。以前有个指关节上得病的女人跑到他那儿，让他用激光治好了。

我问他是不是个皮肤科医生，他马上回答："当然不是！我是个电气技师。"

鬼知道他用了哪种激光。"瞄准了就行，"他是这么说的，就像是在拿枪口对准猎物，"我打开激光瞄准患处，然后用它杀死了那玩意儿。"

一个玩意儿杀死了另一个，这里的指代关系是混乱的。没人说得清这是一种救治，还是一种伤害。无数的不确定性就这样被对治愈的渴求掩盖了。

莱尼说，那个女人已经得病两年了，在他下手之前，没有任何东西帮得了她。聊了20多分钟后，莱尼才提到那女人是个吸食甲基苯丙胺的瘾君子。他保证激光根除了那个女人身上所有的纤维体，什么也没有剩下。莱尼还提到了虫卵："有人说你能在皮肤下面找到这些家伙的巢穴，它们在那儿产卵，然后就会有新一代虫子长出来。"他说按照自己的办法治疗之后，这个女人身上连一颗虫卵都不剩。

莱尼描述这种疗法时，保罗始终摆着一副听不下去的表情。"你压根儿就没治好她，"他最后还是忍不住打断了莱尼，"这东西是种病毒。"

莱尼点了点头，显然不打算争论，他并不期待人家一定会赞同他。

保罗接下去说："我跟这玩意儿已经纠缠8年了，如果能阻止它感染全身其他地方的话，我早就把自己的手切掉了。"

你懂了吧，不是我夸张，是说真的 —— 他可能真的仍会这么干。

保罗继续说，如果他觉得激光有用早就用了："但我知道这搞不定。"

在这几天我碰见的患者中，保罗的情况是最糟糕的。他得病8年了，1年前才认定自己是得了莫吉隆斯症。在此之前，他对这种病有个自己的称呼——"恶魔之饵"，因为他是在一次钓鱼旅行时得上了这种病。有时候他认为病源是一种病毒，有时候又觉得是寄生虫，无论是什么，总归是种邪恶的东西。

和别人不一样，保罗身上显出的症状比任何人都更加明显。在其他人身上，你需要仔细看才能看到，比如头皮上散布的疥疮、下巴上用浓妆盖住的溃疡，或者晒黑的小腿上的白色斑点。但保罗身上的病痕完全不一样，你第一眼就会注意到的是他的右耳，卷扭起来，几乎整个都烂了，再往下看，你会注意到他的耳朵和下巴之间全是光泽质地的疤痕。我想那耳朵大概是被他自己弄坏的，大概是想把什么东西弄掉的时候搞出来的。恶魔之饵，保罗就这样被诱入了无穷无尽的自我反抗之中。他的脸上到处都是红色疹点，皮肤上布满乳白色的斑纹，眼睛四周长了一圈泪滴状的痂，总让人觉得他刚哭过。

那次命中注定的钓鱼旅行后，保罗的两条腿上全是沙蚤的叮痕。"那种炙热感从我的裤子里涌了出来，直接冲上了脑子。"他全身都发炎了。

我问他现在有什么症状，保罗只是摇摇头说："你永远不知道接下来是什么。"他告诉我，有时候，他只是躺在沙发上，期望第二天不要到来。

我问他，有没有什么人在支持他。保罗说有，接着他告诉了我关于他姐姐的事。

一开始，姐姐并没有同情他。保罗第一次告诉姐姐那些症状的时候，她觉得保罗嗑药了。最后，还是姐姐从网上了解到莫吉隆斯症，然后告诉了他这回事。

"她就这么成了支持你的人？"我问。

"哦，现在她也得了这个病。"他说。

姐弟俩一起尝试了各种疗法，还把比较结果记录了下来：冷冻、杀虫剂、畜用驱虫剂。有一次，保罗把一种氮化合物溶液直接注入了耳朵。后来，根汁汽水好像能起些作用，他就弄了一些，直接从头上倒下去，淋遍全身。

保罗告诉我，有一天晚上，他带着冒血的耳朵尖叫着冲进了急诊室，因为他感觉到了那些玩意儿，那些东西正从体内一点点撕碎他。医生对他说："你疯了。"

我无言以对，我所能做的只是用另一种方式去看待他，和那位医生不同的方式，而且尽量让他感觉到这种不同。那天的急诊医生做了些检查后告诉保罗，他的声带裂了。保罗回答说他知道，刚才喊哑的。

保罗告诉我，他现在一天大概要花 10 到 12 个小时在自我检查上，只是为了和那些东西保持距离，无论它们到底是什么。他的声音充满了警惕与恐惧，因为那些玩意儿在科学之外，甚至在可知世界之外，而且它们时时刻刻都在活动。

保罗对这次会议评价不高，主要是因为会上并没提出什么新疗法。但他多少还是高兴的，因为自己的那些徒劳和无望在这里得到了认可。

莱尼又开始说他的激光，保罗已经听不下去了。如果莱尼这种简单方法都有可能治愈这种病，他的痛苦人生就成了一场西西弗斯式的苦行。其实另一种疗法并不会带来更多的希望，在一种又一种可能性消失之后，每一种疗法都显得毫无意义。

莱尼根本没注意到保罗的不耐烦。"我是认真的，"他说，"我只是在说我们干了什么，她真的被这玩意儿治好了。"激光疗法 —— 他觉得这肯定个好消息。

那天的终场演讲时，我一直坐在保罗身后。我发现他并不关心台上的演讲者，一直在看自己电脑里的照片。照片里的人全是他自己，或者说全是他的脸，大多是侧脸，主要拍的是耳朵。他在向邻座的一位中年妇女展示这些照片，一张照片里有些金属部件，看着像一把钳子。那是把电击枪。几分钟后，我听见保罗和那个女人说悄悄话："全是虫卵。"

最后，保罗挪开了椅子，不再和这个女人说话，继续看他大概已经看了一整天的照片。电脑屏幕上铺满了保罗身体的图像，各式各样的伤疤和出血的皮肤。他逐渐坍垮的形象就这样按照时间顺序被一字排开。即使在这里，即使周围全是同病相怜的人，保罗依然躲在自己可怕的私人世界，那里除了一具崩坏的身体之外空无一物。他不断把萍水相逢的陌生人带入这个无声的战场，但最后留下的只有自己，面对病躯，面对无尽的孤独。

这天离开教堂的时候，我发现阳光已经在无窗的房间外面等候多时了，世界总是这样充满耐心。春日的奥斯汀，行道树的树冠里，白头翁时隐时现，一群形影飘忽的蝙蝠正从会议大道的桥洞下振翅而出，无数羽翼在蔚蓝如洗的天空中翻飞闪烁，空气里漂浮着鸟粪的味道。这座城市里到处都是披着纱巾、戴着墨镜的漂亮女人，烤肉的香气在艳阳下四处弥漫，一阵风扬起了橡树叶，从某个天井飞掠而过，那是我此前品尝冰镇牡蛎的地方。奥斯汀是一个被美味佳肴塞满的城市，人人都是美食家，人人都在痛快地享用着烩饭、油炸鳄梨塔可饼，或者塞了培根的面包圈。黄昏时分，人行道上的牛仔靴不断打着拍子，露出醒目文身的人们在热浪里抽着烟。我发现了一个圣母玛利亚的神龛，它面前摆着一个空啤酒瓶和一包奶酪饼干。

走在健康年轻的人群里，我应该算是他们中的一员，只要忍住痒，只要不去想自己是不是痒，只要别理所当然地去注意自己的皮肤。我只是偶尔心跳过快，偶尔感到脚踝处的皮肤下面依然有一条虫子存在，偶尔喝多，偶尔觉得自己过度消瘦，但这些只不过是一闪而过之事。我宣称自己没问题，能够拥有欲望，总是在渴求，感觉自己属于这个世界。但当我离开斯劳特巷的浸信会教堂，脑子里挥之不去的全是那些无处可去者的声音。这一天，我待在他们的世界里，但只要高兴，我随时可以离开，只要想透口气，我就可以从他们中叛逃。

我怀疑莫吉隆斯症的真实性，但依然害怕被感染。我在参加这个会议之前已经做了准备，提前告诉朋友："如果我从奥斯汀回来觉得自己得了莫吉隆斯症，你一定要叫醒我。"现在，我正在没完没了地洗手，别人的身体问题已经开始侵袭我自己的意志。

然后，它来了，一如预料。冲过凉后，我注意到自己的锁骨上有一小撮蓝色的细小条状物，有点像小虫子。除此之外，我还找到了一些看起来像小毛虫的东西正顺着一条掌纹往手掌里面钻。一瞥之后，它们就消失不见了，但恐慌却开始缠绕我。我害怕自己会立刻去预约显微镜检查，因为这样可能真的会找到些什么，然后再也无法摆脱。

一阵古怪的兴奋袭来。我内心的一部分也许真想去找出些什么。我可以变成我需的那件证据。或许，我会因此写出一个关于妄想的自传式故事，那我就可以把莫吉隆斯症和自己联系起来，通过真实的或是想象的，我皮肤下面的纤维体。

当然，如果你看得够仔细，任何人的皮肤都会显得异常陌生而诡异，那上面布满了奇怪的疙瘩、横生的体毛、深色的斑点、各种扭结的红色肿块。这些蓝色纤维也许只是从一条毛巾上带下来的，也有可能来自我的袖子，而所谓毛虫也许根本就是溅上的墨水渍。但就在那些奇怪的瞬间，我还是害怕了，我像一个莫吉隆斯症患者那样感受到那些东西的存在，那么真切，那么邪恶，避无可避。进入莫吉隆斯症患者的视角只是让我更想保护自己，更想远离那些东西了。我想，这种感同身受继续下去只有两种可能：或者从此怀疑一切，或者把自己关进浴室，不停地洗手。

50

我不是会场中唯一一个想到传染问题的人。有个女人站起来提了一个问题，她想知道莫吉隆斯症到底是怎么传播的。她告诉大伙，现在她的家人和朋友再也不去她家了。因此，她想要找到证据去说服其他人，告诉他们，只是坐了她家的沙发是不会被传染的。我觉得她的家人之所以远离她，也许是在害怕传染，不过更可能是认为那儿其实根本不存在什么传染病，也许只是想和她的这种妄想保持距离。当然，很难说清是怎么回事。她的话里充满了哀伤："告诉我这不是传染病，然后他们就会回来的。"这个女人是如此渴望得到一个答案，来让一切好起来，让自己不那么孤独。

坎德拉告诉我，她很担心朋友会因为和自己一起吃饭而染上这种病。我想象着她在城里吃寿司的样子，小心翼翼地拿着筷子，单用一份芥末。只要这样做，那东西，那东西就只能缠上她一个人，与他人无关，即使谁也不知道那到底是什么。这种无法宣之于口的恐惧弥漫在会议中：现在，一大群疑似传染源都聚在了同一个房间里。

不过，这种对于传染的担心实际上产生了奇异的双重作用：一是像坎德拉那样，因为自己成了潜在病源而感到羞耻；但另一种正相反，把传染给别人作为证明这种病真实存在的证据。

网上最奇特的莫吉隆斯症网站叫作"莫吉隆斯的宠物"，里面有聊天室、博客、各种高度放大的照片，拉拉杂杂地组成了一个网上迷宫。我很快意识到，这个网站既不是个玩笑，也不是什么让人开心的图片分享站，它的名字不仅指"莫吉隆斯病人的宠物"，同时也指"得了莫吉隆斯症的宠物"。在网站的首页上，有一只叫伊卡的猫这么介绍自己和自己的病：

> 我的名字来自一种日本鱿鱼干……我通常元气满满、爱吵爱闹，最近却觉得特别困，特别特别痒。我最好的朋友／妈咪觉得她把自己的皮肤病传染给我了，她好不开心。我觉得这比她脸

上长满了那些东西还要让她不开心。

首页上还列了一长串生病的动物：一条名叫爵士、正在挠爪子的萨摩耶，两只正咬着看不见的跳蚤的寻血猎犬，一只和它妈妈一起在桑拿房里挠痒的拉萨阿普索犬……有一个哀伤的帖子是一只叫辛巴达的秋田犬留下的：

> 看来，我和我美丽的女主人同时得了这种病。去了很多次宠物诊所之后，他们不得不让我离开这个世界。我知道，这是为了我好，但我真的很想他们。我依然记得男主人的脸，紧紧靠着我，在医生让我睡去的时候……我能嗅见他的呼吸，看见他眼神里和泪水一齐涌出的痛苦。不过，这没什么，我现在很好……那种令我疯狂的瘙痒终于结束了，我终于得到了安宁。

读完整个故事后，留下的只有一片感伤。我们读到"我终于得到了安宁"时，其实完全可以想象到，故事里的另外一个人也许再也得不到自己的安宁了：那个哭泣着让自己的狗归于永眠的人。但是辛巴达到底出了什么事？或许它确实需要安乐死，或许它太老了，生病了。但是它也可能根本没病，却变成了一个疾病故事的一部分，就像一块疖子，一次病痛导致的离异，或者那些纤维体本身。它变成了一桩痛苦的证据，证明了苦难已经发生，而失去的已经永远失去了。

第二天的会议是从一部讲述莫吉隆斯症的日本纪录片开始的。片子管这种病叫"出棉症"，听上去像个恶作剧，某种"啪"地一下子冒出来的东西，而不是一种静静缠绕在细微纤维体上的邪恶之物。片子翻译得很糟糕。有一幕有个女人在厨房里将一种叫伊佛霉素的畜用除虫药倒进水杯里，日语旁白声音低沉，英语翻译讲道："即使知道这种除虫药不是给人用的，她还是会用。这个女人已经绝望了。"我们能从这部片子里看到一张美国地图，上面像补丁布一样标着各地的病例，看起来就像病人皮肤上散布的疖子。这是一种扭曲之后的"天命昭昭"①，疾病让病人成为共同体，这些身体失序的人以此相互结成亲族。就好像纤维体被和表面潮湿溃烂的创口联系到一起，疾病的概念就像黏合剂，把所有我们无法理解的东西都聚集到一块儿，只要这种东西是一种病痛，只要你能找到联系。"网络传播！"有些怀疑论者觉得这些莫吉隆斯聊天室就像莫扎特的魔笛手，能把所有人都召唤到一起。确实如此，莫吉隆斯症是 2001 年才被正式定名的，和互联网的发展几乎同步，网上社区在这种病被社会所知的过程中发挥了最关键的作用。不是每个网上参与者的看法都会被所有人认同，比方说病原体是细菌、真菌还是寄生虫，但所有莫吉人都认同一点：这种病会如影随行，如疽附骨，让你无处可逃。

有个叫桑德拉的女人拿出手机给我看一张照片，拍的是她咳出来的东西，看起来像一只小白虾。桑德拉觉得这是只幼虫，她找到一个珠宝放大镜，然后把这东西拍了下来。桑德拉一开始想用显微镜拍，但她没有这设备。她拿了一本书垫在下面，好衬出虫子的大小。我试着仔细看是本什么书，好奇她平时读些什么。我想找到一些平静的时刻：在被感染问题困扰之余，她是如何充实自己的生活的？尽管这种余暇越来越少了。

桑德拉有个关于纤维体的理论。她认为这些纤维体本身并非某种生物，而是由体内的某种生命体收集起来用于织茧的。这解释了一点，那就是为什么很多纤维体只不过是普通的纤维，比方说狗毛或者棉絮。这些纤维指向一种更加危险的可能性：某种生物正在她体内住着，用她生活中的常见材料做了一个窝。

我看够了这个虾状的东西，桑德拉紧接着放了一段自己在浴缸里

---

① 原文为 Manifest Destiny，一般译为"天命昭昭"，美国 19 世纪前期西部开发时期盛行的政治和社会运动口号，宣称美国注定成为美洲大陆的主人。

的视频，她向我保证说："这可不只是一些纤维了。"在这段视频里，你只能看到桑德拉露在水面上的一只脚，画质很糟糕，但看上去浴缸里好像真的爬满了幼虫。很难说这些东西到底长什么样，片子实在太模糊了，而且镜头沾了水，但里面的东西看起来似乎是虫子。桑德拉说，几年前从她身上跑出过成百上千这东西，现在好多了。现在每次洗澡时，最多只有两三只这样的虫子冒出来。

我懵了。我不知道自己是不是真的看到了虫子，不知道这些东西是从哪儿来的，如果不是虫子，又是什么？我不知道自己是不是希望它们就是虫子。如果不是，那我还能不能继续相信这个女人？如果是，那我该怎么面对这个世界、人体和这种病？但我确实看到浴缸里有一大片扭曲蠕动的小影子。这时我很庆幸自己不是什么医生或者科学家，甚至几乎不是任何一种有可能弄懂这些东西的人。这种无知让我可以去相信桑德拉，却不需要去证实她的看法。我可以就这么和她待在一起，一会儿也好。我们可以一起面对这些虫子存在的可能性，一起面对那种惊悚。她一个人面对它们已经太久了。

我看到坎德拉也在看桑德拉的手机，她想知道这是否就是自己的未来。我告诉坎德拉，每个人的病应该各有不同。其实我又知道什么呢？也许她的未来就是这个样子的。

坎德拉和我谈起昨天晚上的寿司大餐，她很开心，最后还从餐厅里买走了一幅画。她觉得自己不该买，没那个钱，但看到那幅画就那么挂在餐厅的墙上时，还是情不自禁地买了下来。她拿出手机给我看了那幅画的照片：画家用漩涡状的油画笔触描绘了一处复古广场的某个郁郁葱葱、色彩斑斓的角落，深宝石红、深浅紫色与松绿色的大片晕染布满画布四边。

我想到了一个词，但是没说出来：纤维。

"你知道，"她放低声音说，"这画让我想起那些东西来。"

我有一种不祥的预感。通俗电影里，当疾病开始失控扩散的时候，你就会有这样的预感。即使坎德拉离开了这种病的掌控范围，她也会马上发现它早已静静等在另一边很久了。她花了整整 300 美金把这幅对她来说很奢侈的画买回家。无论她的那次寿司约会给我带来多少宽慰，现在都消失了。就像我说的，疾病会笼罩一切。如果你暂时忘掉了这一切，只消餐厅墙上的一幅画就可以把你拉回来，让你意识到自己是个有问题的人。它无处可寻，却无处不在。

在放片子时，会议的组织者传过来一张写满笑话的宣传单，标题是"如果你是个莫吉人"，下面是一串笑料："你比狗还常挠痒""炒掉你的医生比老板还多""洗个酸澡，再给全身除个毛，这周末晚间节目听起来不错吧"。有些笑话的主题是得病之前与得病之后的自己有多么判若两人："回到前世就意味着回到得莫吉隆斯症之前的日子。"有些则说的是自己和他人之间的隔膜："你家里人吃饭的时候往沙拉上浇油和醋，你是往脑袋和身体上浇。"有些笑话我实在看不懂："你在电脑上用不了任何 USB 设备，因为你绝对不能拔掉你的 QX-3 蓝光。"

我搜索了一下什么是 QX-3 蓝光，原来是种显微镜。厂商的网站上这么宣传：你可以用这个东西去"满足你对于周遭世界的小小好奇"。这让我想到了保罗的电脑，他用它一遍又一遍地看自己身体的那些照片，这个属于他的世界真小。

会上我没看到这种 QX-3 蓝光，但是主办方的抽奖活动会送出一些比它便宜一点的显微镜。其中有几个迷你显微镜，长得像小小的黑李子，另外一种大一点，是一种叫作仿生眼的儿童玩具。我在亚马逊网站上找到了仿生眼的广告，标题像在描述点金术："从平凡到不凡。"标题下面有一段产品描述："食盐微晶放大成冰块，头发和地毯纤维变成巨大的面条，小虫变成大怪兽。"这则广告把莫吉隆斯症的神秘之处变成了一种魔术把戏：只要观察者靠得够近，即使我们身上最普通的部分，无论是皮肤表面还是一处擦伤，也会变得可怕。

我的名字和其他参会者的一起被放进了抽奖箱，最后我赢了一个迷你显微镜。我尴尬地走上台领奖。我要个显微镜干吗？我到这里来，是为了写这里除我之外的那些人为什么需要这个东西。可我还是拿到了一个比魔方略小的盒子。我开始想象接下来会在今晚上演的场景：我会在酒店房间里找一个静谧私密的地方，在那儿检查我的皮肤，用手里的这个小东西去面对怀疑与恐惧。

这本笑话集在最后呼应了一下题目："如果你是一个莫吉人，你会放声大笑，因为你看得懂这些笑话。"我想起早前的一封邮件，题目是"世界上最大的笑话"，然后开始理解为什么这些笑话会这么重要——不单是因为它们会引起多少共鸣，而在于他们回到了开玩笑本身。在这里，莫吉人制造笑话，而不是被嘲笑。每一个笑话都能把那些背叛自我的身体转化为待抖的包袱。

所以，我们看到了这些笑话，我甚至还弄懂了其中几条笑点何在。桑德拉给她的手机照片秀找到了观众，我拿到了一个不想要的迷你显微镜，坎德拉得到了一幅画，最后还等到了她一直期待的显微镜检查。

稍后，我问了坎德拉检查的结果。坎德拉告诉我，确诊了，因为丽塔在她的眼球周围真的找到了一些束状体。但坎德拉说出这句话的时候并没有显得多么如释重负，大概这个结果到头来也不过如此，知道了又如何呢？她没有得到任何解决办法，连这个检查结果本身也没有最初所以为的那么确定无误。

"我其实就是在折腾自己，"坎德拉对我说，"越想把这些玩意儿弄掉，就把自己搞得越糟。"

是的，我点了点头。

"我越努力弄掉它们，"坎德拉继续说，"就越……好像它们就越想让我知道，这事没那么容易。"

讨论

最后，我还是把迷你显微镜送人了。

我给了桑德拉，因为她已经烦透了用那个珠宝放大镜搜索自己的身体，也因为她对自己没弄到这玩意儿感到很不满意。当然，要是留着这东西，我就会受它暗示，自己也开始找那些纤维体。

桑德拉接受馈赠时感谢了我的慷慨，预料之中。其实我很内疚，因为我还是没法像这些病人那样去认知莫吉隆斯症，所以我想给所有人都做些好事。我对桑德拉说："拿走我的迷你显微镜吧。"希望这样做能算一种补偿。

慷慨，也许真不见得，甚至正好相反。其实我只是又拿走了她几个小时的人生，创造条件让她花几个小时盯着目镜，盯着那些治不好的东西。

我得坦白，我提前离开了这次会议。我尴尬地跑进酒店，在一个污迹斑斑的游泳池旁边坐着，因为我觉得自己的情感已经干涸了，这是我应得的。得克萨斯的烈日从里到外炙烤着我，我看见一个女人独自从会场出来，小心翼翼地找到遮阳处的一张躺椅，把自己裹得严严实实，躺在那儿。

致谢

我从这个疾病的王国离开了，黛恩、坎德拉、保罗和丽塔没有。我在阳光底下，他们没有。他们给自己喂马用驱虫剂，我没有。但此刻我却依然能够感觉到那种莫名的危险正在步步逼近，他们的恐惧和绝望并非真的与我无关。因此，每一次我都对他们说，他们的一切我根本无法想象，但有时说完，过一会儿我会小声说，不，其实我能想象。

在什么情况下，同理心会从缓解他人痛苦变成增强痛苦的一种方式？让人们去讲述他们的病痛，了解它，关注它，分享它，这是在帮助他们去克服痛苦，还是在加深痛苦呢？类似的聚会是给了他们一些慰藉，还是让痛苦者又确认了一遍自己的痛苦呢？也许这只会让痛苦更甚于从前，让痛苦者比从前需要更多的慰藉。参会者感觉这场会议成了他们唯一能得偿所愿之处，这看似缓解了这些人的孤独感，实际上却是在加重它。

"只有待在这里，我才觉得做回了自己。"我一次又一次听到这个说法。但每次离开韦斯托克浸信会那个阴郁的会场，我都在祝愿那些依然留在里面的人在其他什么地方、任何地方都能做回自己，比如在奥斯汀绚烂的阳光下，去吃个开胃点心，或在温暖的夜里，坐在公园的野餐桌边吃掉一个自家做的甜甜圈。我希望他们知道，自己依然能够走出疾病的世界。

我想到了保罗，他总是在杂货店关门前半小时才去买东西，免得碰到任何熟人。我想到了那个会议第二天坐在我身后、我始终不知道名字的秃头男人，在他那默默无名的工作和一无所有的公寓之间，生活已经变得空无一物。我想到了那个美丽的女人，她想知道有多少男人会爱上满身伤疤的自己。

坎德拉得到了一次确诊，但同样被它所困。她现在可以用皮肤上的纤维体作为证据证明自己真的有病，但怎么才能弄掉它们呢？毫无指望。这个证明只不过又一次告诉她，被这种疾病完全吞噬将是一个什么样的场景：用电脑里那上千张血淋淋的照片、手机拍的那一浴缸扭动的幼虫来度量她生命中逝去的日子。

坎德拉是怎么说的？"我一直在试着摆脱这些东西，而它们现在好像开始从我身上往外爬了。"我们不都是这样吗？很多时候我们都想摆脱些什么，但这些东西在不断抵抗着我们的努力。**恶魔之饵**，莫吉隆斯症告诉我们被引诱是一种什么样的感觉，就像眼前明明摆着解决困境的承诺，却永远都够不到。我们所有人身上都有这样的恶魔，我们沉迷于身体可见的一面，畏惧其中的隐讳和神秘，永远把误解当作理解自身的方式。

难道不正是这样的追寻过程让我们无法真正去理解疾病吗？这确实是一种诱饵，就像一只作为鱼饵的塑料苍蝇，我们总觉得只要足够理解了什么东西，就能征服它，驱逐它。

在那次会上，我碰见的每个人都是好人。他们安慰我，也互相安慰。在他们的世界里，我只是一个访客，但总有些时候，我也是他们的同类。我们早晚都会成为被身体困住的人。我只是不断在一个奥斯汀和另一个奥斯汀之间切换而已，只是在那个阴郁的会场和外面的晴空艳阳之间不断游荡而已。

会上有位演讲者引用了19世纪生物学家托马斯·赫胥黎的一段话：

> 要像个孩子一样面对事实，准备好抛弃所有成见，谦逊地朝着神秘自然所指引的方向前进，否则你将一无所知。

我要像一个孩子，像一个不可知论者，像多元论者那样去面对这些所见所闻；我想当那个充满同情心的护士，而不是充满质疑的医生；我想要面对未知，而非把一切看成定论；我想去相信每一个人，希望每一个人都是对的。但是，同情并不等同于相信，我可以理解他们，但这并不足以使我相信他们。

怜悯（pity）与恭顺（piety），这两个概念直到17世纪才被完全区分开。同情，或者叫同理心，从17世纪开始才被认为是人与人之间最基本的一种责任、一种义务。我用恭顺的态度面对那些病人。对于这些病人对病痛的理解，我感到有义务抱有崇敬之情，或者至少是一些敬意。这也许只是同理心这种概念的一个体现而已：我们应该陪伴他们，对他们所说的点头称是，支持他们，认同他们。

保罗说："我没和任何人说过我那些见鬼的症状。"但他和我说了。他总是在面对不信任，他说："一般人总是这样的。"他的这种说法在我心中久久萦回。对于保罗来说，生活已经成了一种固定的样子，命**该如此**。不信任无可避免，孤独无可避免。两者就像那些纤维体、斑点、晶体或寄生虫，已经成了这种病的一部分。

我要去奥斯汀，因为我想成为另一种倾听者，而不是这些病人熟知的那些人：顾左右而言他的医生，沉默无语的亲友，一知半解却自鸣得意地去嘲笑他们的怀疑论者。但有这种想法并不意味着你就能做到。保罗和我说了那些见鬼的症状，我并不相信他，至少不像他希望的那样相信他。我不相信寄生虫正在他的皮肤之下生产数以千计的虫卵，但是，我相信他的痛苦就像有虫卵在那儿一样。"一般人总是这样的"，我就是那个一般人。我要怎么写这篇文章才不会让保罗觉得我是一个背叛者？我想说，我听见你所说的了，但是，我不知道那是真是假。但面对他的时候，我其实是这么说的，我想他能痊愈，我希望他能痊愈。

边　地 ^①

圣伊西德罗 ^②

　　我现在正站在世界上最繁忙的边境站前。方向是对的，所以过关的速度很快。我的意思是说，方向是"错"的，因为我要去的是一个人人都想要逃离的地方。在 5 号高速公路这一端往对面看，亮闪闪的堵车队伍浩浩荡荡一路面北，指向美国。

　　越过这条界线向南，车道两旁马上变得和超市一样，你能买到爆米花、饼干、棒棒糖、香烟。要咖啡？一个高不过你车窗的小孩马上为你奉上热腾腾的咖啡。一张西班牙语报纸？没问题！英语的？没准有。一条动物图案的毛巾？要多少有多少。

　　我要去参加一个在蒂华纳 ^③ 和墨西卡利 ^④ 举办的文学集会，在西班牙语中叫作"encuentro"。我猜在西班牙语里，这个词的意思大概

---

① 原文为西班牙语。

② 圣伊西德罗，加利福尼亚州南部城市，与墨西哥接壤。

③ 蒂华纳，墨西哥下加利福尼亚州北部边境城市，与加利福尼亚州接壤。

④ 墨西卡利，墨西哥北部边境城市，下加利福尼亚州首府。

介于"庆典"与"会议"之间，但这个词首先让我注意到的是其中意为"故事"的部分①。这个联系似乎预示了在这场狂欢兼坐而论道期间会发生什么：各种故事在作家间像货币一样流动，有人签名售书，有人感到一片迷惘，有人会做些图书生意，有人会聊一聊墨西卡利，抱怨为什么会不在瓦哈卡开。当然，有些人会互相搞上床。在此期间，没有什么会准时发生。早上饼干会跟一次性杯子盛的咖啡一起送来，晚上盥洗室隔间里会有可卡因提供。

现在是 2010 年，我听说蒂华纳这两年已经好多了，好到连美国媒体都开始说它的好话。但我们这些北边来的人谈起这场"南下"时，讲的内容还是这个地方怎样云谲波诡，一如既往。当然了，要"南下"才能到的地方可不止蒂华纳一个。蒂华纳现在是好了一点，塔毛利帕斯② 则比以前更糟了，而华雷斯③ 依然是一如既往的可怕，暴行肆虐，以至于讨论它是不是变糟都失去了意义。

有个人和我聊起蒂华纳最糟的那几个月里，人们是怎么生活的。她没有去描述那种无法无天的暴力威胁，而是聊另一个话题：生活在那个暴力世界，人们怎么谈论这种暴力。她说，其实，身在其中的时候，你根本没办法发声。

几年之前，不说，就是蒂华纳人的生活方式。即使共进晚餐时，哪怕是在私密的地方，也没人谈论一句他们的生活现状：喝杯酒需要提心吊胆，去工作需要提心吊胆，搭个巴士、买包香烟，甚至就连过个街都需要提心吊胆。现在他们敢讲了。只有那个最坏的时代、那个被所有人嘲笑的时代已经远去的时候，安全的幻觉回来的时候，狠狠抱怨变得可能的时候，谈论当初到底发生了什么才变得容易了一些。

---

① 作者将"聚会"的西语 encuentro 中的 cuentro 与"故事"一词的西语 cuento 比较。

② 塔毛利帕斯，墨西哥东北部边境州。

③ 华雷斯，墨西哥东北部边境城市，属奇瓦瓦州。

蒂华纳

今天，革命大道已经成了蒂华纳廉价旅游业的代名词。空荡荡的酒吧就像是来自远古因过度的享乐主义而失落的文明的残骸：寂静的舞厅装饰着茅草墙和塑料做的热带植物，露台上插满提基火把^①，大厅上悬挂着"龙舌兰酒限时畅饮"的横幅广告，尽管空无一人。这些酒吧看着就像一大堆破产抵押品，吓走了所有游客。没准还是会有些人来这里，但街上鬼都看不到一个。蒂华纳文化中心是一座壮观的建筑，这倒出乎意料。这座大楼有个看着很可爱的中心穹顶，装饰着彩色玻璃，阳光从上面透了进来，斑驳五彩：紫红、橘黄、深薄荷绿。不过里面只有几个人，在兜售离开此地的巴士车票。

这条街上的人都在沿街叫卖，但没人下手买东西。想要的话，我能在这条街上买到各种各样的玩意儿：画着斑马条纹的驴子，印着十对奶子的明信片，来自沙漠小城特克特的红树桩，一个老头**现场**雕的木头小青蛙，青蛙的木嘴上叼着一支真烟。我还能买到 T 恤，有些上面印着潘丘·维拉^②坚忍的脸，或者切·格瓦拉^③没有表情的脸，有些翻来覆去地印着些关于啤酒或龙舌兰酒的笑话，或者关于啤酒加龙舌兰酒的笑话，要么就印上一句话点出你喝酒的目的（这件倒是用英语写的，写着"我第一次约会就干上了"）。这倒很方便，因为这堆恶俗玩意儿边上就有一家情侣酒店，99 比索一个小时，不过既没看到有人进去，也没看到有人出来。

其实我的时间都花在琢磨事情上了，琢磨两年前的蒂华纳，琢磨那个人人都避而不谈的时代。在边境的这一边，蒂华纳之外的城市依然深陷于这样的无言之中。那些把华雷斯称作全球最危险城市的人，并不生活在华雷斯。

---

① 提基火把，夏威夷地方文化的象征，曾因其代表的热带海岛风格流行于 20 世纪 30 年代。

② 潘丘·维拉，第一次世界大战期间墨西哥革命军领袖。

③ 切·格瓦拉，社会主义古巴、古巴革命武装力量和古巴共产党的主要缔造者及领导人。

我以为假如去那些曾经令人畏惧的街道和城市实地走走，也许我能对那个时代多一点理解。旅游虚构出了这样一种关系：它号称可以把我们的身体带到我们想去的地方，或者把那个地方带到我们身边。这是一种简简单单就能实现的同理心，我们把它当作喝掉一杯龙舌兰，或者用别人的钥匙吸上一鼻子可卡因。只要身临其境就能抹除现实的差异，这样的承诺让我们迷醉在这种骗局之中。有时候，我们一下子就能爱上一座城市，有时候则不能。但早上醒来的时候，我们总发现自己还是一无所知，**总是这样**。

早上醒来，我在一个叫蒂华纳提利的餐馆弄到了一份火腿鸡蛋。我本来是可以吃华夫饼的，但没有吃；我本来可以吃加满奶油的法式面包，也没有吃。我要吃当地特色。我和一个叫宝拉的公关与一个叫亚当的小说家一起吃了这顿饭，他们倒是都点了华夫饼。宝拉说她简直不敢想象联邦区①竟然成了墨西哥目前最安全的地区，过去可不是这样的。亚当说墨西卡利相对来说还算安全，那就是我们马上要去开作家论坛的地方。在这边，**相对**这个词非常重要。

从蒂华纳向东到墨西卡利有两个小时的车程。和蒂华纳一样，这座城市是在禁酒令时代火起来的，但除此以外，两者就没太多相同之处了。亚当的西班牙语说得特别快，我不确定自己是不是真的听懂了，但至少不得要领。不过听起来，亚当描述的好像是一座法外之城。

蒂华纳慢慢远去了。一旦离开，我就特别想谈它，就像你醒来的时候特别想描述你的梦，因为你怕如果没有马上把那些细节连成一气，在荒谬中辟出一条小径，它们就会永远消失。刚离开那儿，我就在想我看到的是个什么样的城市。对我来说，它是一条漆黑的走廊，旁边是一间坏了窗户的办公室（我住的旅馆就在这栋楼里），是一盘柳橙猪肉丝（我的晚餐）。是的，我知道那儿有一个年轻人组成的乐

---

① 墨西哥城城区与相邻卫星城市现为联邦直辖行政区，即墨西哥联邦区。

队叫"垂直的微笑"。还有一个乐队是老年人组成的，我不知道叫什么，他们一边不断地叫服务生上查尔斯·肖红葡萄酒，一边疯狂地弹着电吉他。他们的音响上放着两个鸡蛋，不知是生是熟，这应该没什么特别的意义，却显得那么墨西哥，他们的墨西哥。

墨西卡利

前往蒂华纳的一路上都是持枪、开着车子、身穿警服的人，一切都足以让美国人心慌不已，但从市郊到边境沙漠地带那些荒凉的山丘，离开蒂华纳的高速路上只有一路卷起的鬼魅沙尘。一离开城区，你就能看到泥泞山坡上一路散落的棚屋，大多是栅栏和板墙圈起来的，不少都拿广告牌当屋顶或墙壁。棚屋看着都挺新，其中有些墙上画着巨大的牙膏管子或者咧开嘴的笑容，都是广告内容。贫民窟很快退出视野，紧接而来的是一条叫罗姆洛萨的高速路。这条路臭名昭著，开在这条路上的车子需要沿着红土山坡那一连串急转弯和落石路上蹦下跳地前进，就像过山车一样。

在前往墨西卡利中途的一个瞭望角附近，道路左拐进了一个陡坡。我们在转弯处看到一辆皮卡，已被烧得漆黑，车身大半悬在悬崖边，有个头上淌血的男人蜷在地上，好像还没死。没看到救护车，但有个牧师站在一旁，一边挡住烈日，静静祈祷，一边向过往车辆摆手示意：慢点，慢点。10 月份，这个地方足足有 90 华氏度（约 32 摄氏度），牧师还穿着一身吸热的黑色法衣。十字架和他身后卡车的车头格栅一起闪烁着银光。

这样的暴力在这儿并不是偶然或者意外。革命大道上带着冲锋枪的男人，咆哮着冲进旅行车嗅寻毒品的警犬，面包店前不省人事的醉汉，开着半挂车一头撞上悬崖的疲劳司机……暴力无所不在，没完没了。在这条路上，我们看到路边有一个拿着半自动步枪的士兵，他守卫的对象是身后一个巨大的废轮胎堆。这个国家的士兵举着枪，在一堆垃圾边，时刻准备着对抗肆虐的暴力。

埃尔默·门多萨2010年初在《纽约时报》上写了一篇报道，关于一个叫尼诺斯探险者的组织（类似于男童子军），这个组织里的孩子被领着去欢迎上级官员访问华雷斯。见面的时候，领队让这些孩子按套路来了一次表演。"华雷斯的孩子都是怎么玩的？"领队大声喊道，孩子们集体扑倒在地。

行至缉毒检查站，我们整辆车的人都被赶了下来。车子越大，嫌疑就越大。士兵把我们的行李翻了个底朝天。看起来只是例行公事，但在这种气氛之下，这些事会一点点给旅行定下基调。放行的时候，我回头看了一眼，有个士兵站在卡车上，一直端着冲锋枪指着我们。

墨西卡利没有浮夸的酒吧，没有斑马驴，也没有特价酒水。你在这儿找不到能给烟鬼续命用的抽烟木青蛙，但能买到用塑料袋包装、按包售卖的板切烟叶，还有香烟，非常便宜。这里和蒂华纳的龙舌兰一口闷最相似的东西是一首曲子，是我在一家叫"慢调"的酒吧里听到的，歌里有一个女人的呻吟在循环往复。

这座城市的灯光比蒂华纳刺眼得多，到处尘土飞扬。酒店钟点房不是1个小时，而是4个小时计费一次，不知道是为什么，但貌似说明了这座城市在文化上的某些重要的不同之处。

这里的唐人街非常繁荣。餐厅供应豆腐沙拉和鱼翅塔可饼。我在金龙餐厅吃了午饭，它的停车场正对着边境线，一堵20英尺（约6米）高的棕色栅墙就竖在那儿。透过百叶窗，我隐约看得到粉刷着厚厚腻子的拉丁小屋，还有卡莱克西科①的棒球场。

我们是"五十大盗"，我们是来参加集会的。那天吃早饭的时候，诗人奥斯卡一边吃辣椒鸡蛋饼，一边跟我讲他对海德格尔的理解。那天一起吃饭的人里，同声翻译凯莉正在把西班牙语里的色情词汇编写成词汇表，还有一个叫马可的诗人，他穿过边境去卡莱克西科买了

---

① 卡莱克西科，美国边境城市，与墨西卡利接壤。

一双匡威鞋。马可告诉我，一年前他就放弃了"自我抒情"风格，因为他的城市变得如此暴力，他都不敢出门了。马可现在需要另一种诗歌，他钟情于日常语言的重组写作，特别是拼凑诗——这是一种先搜索某个关键词，然后缀合大量网络上的只言片语进行创作的实验诗歌。如此搜索出来的东西往往十分诡异，但却有或荒诞或滑稽的味道。马可钟情于其中滑稽的一面。他是个大学老师，有着和我有些相似但本质不同的生活方式。来墨西卡利的前一天，马可批改了一晚上的论文，早上想美美睡一觉，这是他应得的，但刚躺下，一颗手榴弹就把他炸醒了，两分钟后就是一阵机枪的扫射声。他说那"就像是一场对话"，是"一个声音回应另一个"，一如寻常。

我和"珊迪阴谋"的创始人见了面。他每次见到我，都会问我要不要当一个"珊迪人"。据我所知，这意味着以后要和这个世界的一系列诡谲与阴暗面打交道。他拿出一本写满了各种阴谋论的刊物，封面上是一头狮子在攻击一匹斑马，但斑马的伤口处并没有流血，而是喷射出了一道彩虹。这大概是在讽刺达尔文吧。我发现自己用社会政治学的视角把书里所有画作都看了一遍，想着怎么才能从喷彩虹的斑马身上读出对毒品战争的隐喻。这感觉很怪，彩虹色血柱就像战争本身般喷涌而出，伴随着一阵刺耳的哭叫，声音炽热如陷剥皮地狱。我根据冲突的引力曲解一切。

更准确地说，我只是试图解读那些能弄懂的东西，其实这里面更多的内容我根本无法理解。在这样一群双语作家中，我的西班牙语令我感到尴尬，而这尴尬被一种更加深层的政治与国家之耻覆盖。我不敢谈最近的毒品战争，因为怕说错话。毕竟美国人一干涉其他国家的冲突时就肯定会做错事。所以，我光听不说，然后渐渐搞懂了一些情况。锡那罗亚帮控制了西海岸的大部分地区，大部分大麻都来自那里，而这些毒贩已经被边地的神话塑造成逍遥法外的侠盗。海湾帮则控制着墨西哥湾的可卡因走私，同时运送来自中美洲的非法劳工。这些劳工被称为"鸡仔",往往是农民,在海湾帮的协助下偷渡,也受到他们的敲诈。

当你面对这场毒品割据战时,仿佛身陷于一张颠来倒去的大网。有一次,某个帮派给一位监狱长塞钱,让她在某晚把犯人放出来去刺杀另一个帮派的大人物,而敌对的帮派则抓了一个狱警,折磨他,直到他坦白了这桩受贿案。他们把这个狱警的自白录了下来,公布出去。当局介入之后,监狱长被革了职,但此时犯人为了留住她而发起了暴动。后来,塞钱的那个帮派为了报复,绑架了报道暴动的记者。很快他们也放出自己的录像,里面是另一个被折磨的人,坦白了另一桩腐败案。

弄懂了吗?

听这种故事,就像听人用外语在讲一个内容恐怖的绕口令,你是这场交谈的参与者,但是完全无话可说。"交谈"在这里有着不同寻常的意义:我无法理解这些汹涌而来的信息,更没听过由半自动步枪对射构成的"对话"。

要搞懂这些对话,我必须先熟悉另外一种人物,他们不是作家,而是杀手,比如艾尔·特奥,蒂华纳帮第一把交椅的有力争夺者。他喜欢到聚会上大开杀戒,因为这么做能让他更清楚地表明自己的意图。艾尔·帕索利罗,绰号"炖肉佬",当艾尔·特奥需要低调行事的时候,这个人就出来负责用酸把受害人的尸体溶掉。锡那罗亚帮的老大是墨西哥最有名的毒王——艾尔·查普,绰号"矮子",在最近一期的《福布斯》全球权势榜上排第 60 位。排在他前面的有第 2 位的奥巴马、第 57 位的本·拉登……而屈居其后的有第 64 位的奥普拉和第 68 位的朱利安·阿桑奇。墨西哥总统根本就挤不进这个排名。

通过这些人的对话,我意识到墨西卡利存在着两种平行的经济体系,作家拿不到预付稿费,但华雷斯的打手接一个活儿就能拿到 2 000 比索;存在着两张地图,一张描绘着毒品战争,另一张才属于墨西哥的文学世界。第一张地图就像一条恐怖的面纱笼在了第二张地图上。比如杜兰戈①，艾尔·查普在那儿找到了他的少女新娘，而一位诗人的家乡也在那儿，那位诗人穿着军靴，一边读自己的诗，一边吐口水，大部分诗的内容都和奶子有关。锡那罗亚帮以锡那罗亚州得名，这座城市是帮派的大本营，但它也是奥斯卡和他的海德格尔研究小组的家。库利亚坎是锡那罗亚州的首府，那儿有个墓园，里面全是大毒枭两层高的豪华陵墓，装潢完美，装着空调，对前来哀悼亡人的亲友来说是个好地方。从这些陵墓出发，穿过城区能一直走到奥斯卡和他的小猫海德的房子。我能想象那儿就像一个小小的动物园，有一只叫戴森的狗，两只小鸟分别叫滕波和希尔。我也能想象一个空调在骨灰旁边安静地运转。我试着把这样两个锡那罗亚合并在一起，让它们看起来像是一回事。

这堂在交谈中不断延伸的地理课开始往东伸展：塔毛利帕斯州因为一场 8 月大屠杀而闻名，72 个非法劳工因为不肯付钱给海湾帮而惹上了杀身之祸。不肯？好吧，你现在肯定是付不了钱了。但塔毛利帕斯也是马可的家，就是那位钟情于拼凑诗的诗人。每当想到这类诗歌，我脑子里浮现的是一系列博客帖子的连缀组合：从伊拉克石油到贾斯汀·汀布莱克的床事。马可的诗歌与之类似，但他的创作却用了另外一些不同的材料，也许也因此少了一点儿讽刺成分。他将战争的"语言"略加调整，作成诗歌。他在网上留言板搜寻帖子，发帖人都是他被隔离在家中的同乡。他从帮派留在受害者尸体上的标记中提取短语，从死人皮肤上的信息中获得字句。马可把这些素材打碎，重新拼贴，他的诗成了一幅恐惧的拼图。这成了一种迭代循环：拼凑诗从毒品战争而来，为毒品战争而作，所谈只有毒品战争，这是毒战的拼图。我很诧异，为何在这些诗作之中依然保留了拼凑诗的幽默，这真的重要吗？但马可经常放声大笑。我觉得这依然重要。

整个集会诡异地混合着狂欢与静穆。人们不停地讨论着令人痛

---

① 杜兰戈，墨西哥中北部城市，杜兰戈州首府。

苦的毒品战争，但他们也抽了不少可卡因。如我所想，他们用彼此的房门钥匙干这事儿，而我对这些钥匙和它们对应的门锁很好奇。在他们的家里，有多少把锁？比以前更多吗？人们有多少次是伴着恐惧睡去的？

就在来墨西卡利的几周前，马可在洛杉矶一个叫 LACE 的画廊展示了自己的作品。他给自己的这件作品取了一个总的题目，叫作"垃圾邮件"。画廊用了一整面墙展示他的一首诗，其内容就是由网络留言片段拼贴在一起而构成的。在这件作品里，马可用的片段来自科马雷斯的居民，那是塔毛利帕斯郊外的一个街区，现在已经成了一大片藏身地堡。

马可把这个街区叫作 Zona Cero，"归零之地"。

通过互联网，通过马可的作品，"归零之地"这样一个现实中的禁闭之地发出了自己的声音："这儿没有工作，没有学校，商店都关门了……我们一点一点地死掉。"这样的话语毫无诗意，因为它一开始就不是诗歌，而是哭泣。现在，它成了别的东西。马可一年前就放弃了自我抒情风格，现在他的诗中不再有唯一的言说者，话语权被交给了一大群寻常人，他们在这些作品里诉说着这些绝望之词，然后经他的手被编成一连串的抑扬顿挫。

"垃圾邮件"来自塔毛利帕斯，在洛杉矶展出，但组成它的材料却来自无形的网络，这张大网高悬在我们每个人的头顶，无穷无尽，从任何一个具体的地点一直通往乌有之乡。这件作品靠着对网络的信仰才得以产生，但是也明白网络把生活经验抽象成了没意义甚至不合理的内容（垃圾邮件！）。这件作品嘲笑着边界，但又直截了当地向它们发声："这件作品将尝试创造超越国界的对话。"马可写道，这作品并不是一件拼凑之物，而是一场对话的组成部分。一场对话，这让我不禁想到他家街上那颗突然炸开的手榴弹。

卡莱克西科

卡莱克西科就在**那边**，你可以从这边看到那边的沥青车道上倾倒的垃圾桶，只隔着一道棕色的栅墙而已。但越过边境需要一个多小时，而我们去的时候，才刚早上4点半。这尚且不是在蒂华纳。这还算好的，你要是在一个错误时间选择自圣伊西德罗出境，那得花掉整整5个小时。

对很多墨西哥人而言，边境算不上什么。少数幸运儿拿到了无限制过境用的E-Z通行证。马可单单为了买一双新球鞋就从这里过了一次境，虽然他不敢靠近自己家附近的美墨边境一步，因为那里现在已经是海湾帮的地盘了，非常危险。

可对于其他人而言，边地已经是这个世界的尽头了。键盘手马努说他特别想在加利福尼亚演出，但对他来说，这是不可能的。因为马努连打电话去预约签证面试的钱都没有，更不要说弄一个足够用作签证担保的银行账户了。

从墨西卡利回美国的时候，我和马可还有一位玻利维亚小说家一起开着一辆肮脏的红色吉普。我们这一车人的国籍各不相同，这让边境警察别无选择，只能把我们给扣下了。这个警察完全不接受我们的解释。文学集会？好吧。他盘问得特别严，好吧。我曾经从很多国家回美国，从没被这么折腾过。要知道，以前那些经历已经让接受盘问成了我的强项。不过这次我忘了自己不是一个人，还忘了把护照里夹的黄热病疫苗证明给拿掉，问题就来了。"什么玩意儿？"这个警察拿着这张证明在我眼前晃了晃，"你带了一条狗？"我完全不知道他在说什么，只是告诉他我没带狗。"但你是从美国来的。"他的反应倒像是我说了什么自相矛盾的话。我告诉他，是的，我是从美国来的，这时候我发现自己的声音开始有些颤抖，好像自己都不确定了。我是不是说错话了？马可告诉我，"条子"就是想给你下套。

真相在这儿不管用。如果你是一个墨西哥老女人，有几个孩子在美国生活，签证面试的时候你可绝对不能提一点儿孩子的事。你以为那些孩子能让你进美国，其实那正好是最有可能导致你被拒签的理由。马可告诉我，这是真事，真有这么个女人在领事馆排队的时候就排在他前面。也许有成百上千个经历相同的女人过境成功，但就像老话说的，"喝凉水都塞牙"，这个女人已经被拒了三次，还继续付100美元再申请一次，继续提起她的孩子，反复地自取其辱，不停地耗费金钱。

卡莱克西科是个很小的城市，一条奇丑无比的主干道上挤满了外汇兑换店，但这里的郊外在黎明时分却是一片郁郁葱葱，与隔壁只有一片荒漠的墨西卡利反差巨大。"这里的草永远更绿。"马可说了一句。我应声大笑。我笑没事吧？应该没问题。

我们很快要通过一个国境内的移民检查站，美国并不想设计一套让人更有尊严的移民政策，而是代之以这样一个机构，作为面对墨西哥的第二道防线。移民检查站前竖着一个告示牌，上面不断地更新着数字，就像球赛的记分牌：现已逮捕3 567个非法越境者、370个罪犯，缴获9 952磅（约4 514千克）毒品。马可问我："这些数字有什么意义？"牌子上没有任何日期。这些数字只是游戏，它们没有背景，没有意义。也许州政府就是想用这招吓唬一下那些渗透进来的非法"鸡仔"，或者是希望每一个过境的美国人在此受一次心灵震撼，充分感受到我们渴望的所谓国家安全。

我开始觉得告示牌上的数字也许组成了另一种诗篇。这首诗想在让人们感到恐惧的同时安慰他们，它让人们感觉到自己正置身于一个更大、更凶暴、超越个人理解的世界之中：运毒和贩卖人口，这几乎不受约束而永不安分之物有着超乎想象的能量——那是危险本身，无所不在，无所不往。我们会因为这3 567个被抓的非法越境者而想到另外上万个逃之夭夭的罪犯。持之以恒的恐惧是一种有用的东西。官方的声音总是充满了各种骤停、破音、悸动的变调，里面都是未曾言明的威慑与承诺。

因此，这样的对话会继续下去。毒枭用尸体发话：去他妈的边境控制，去他妈的"逮捕罪犯 370 人"。诗人深知其意，他们拿到签证，坐上飞机去了洛杉矶，然后对着美国人讲故事，讲一个叫科马雷斯的小小棚户区，讲那里的墨西哥人。当他们回到家，帮派分子拉响的手榴弹则会告诉他们：待在家里，闭嘴。每个人都想最大声地说话，每个人都在饥渴地寻找说话的机会。

当我们在清晨驶离卡莱克西科、开往圣迭戈时，马可跟我说起他在 8 月大屠杀后写的一首诗。这首诗意图模仿他家乡的黄页，把所有名字中涉及"海湾"两个字的店铺和服务商名称罗列在了一起：海湾钢铁、海湾餐厅、海湾快运。罗列到该海湾帮出场时，马可写了这样一行诗："你可以在这儿打广告。"这行诗指向贩毒帮派，指向它的竞争对手，并告诉它的受害者：你可以在这里大声说话。

关于一次袭击的故事形态学分析

我们还是从第一个功能 ① 开始吧。

I. 一个家庭成员离家外出

尼加拉瓜之行其实算不上我的一次离家外出，那个时候，我早已离家多年，而尼加拉瓜只是我在这些年中跑得最远的地方。

我在一个叫格拉纳达的城市附近教西班牙语，其实这些小孩对这种语言远比我懂得多。我工作的学校只有两间当教室用的水泥房子，经常会有些山羊或者很瘦的流浪狗跑进来。有些小孩也一样瘦，虽然他们总是溜出去买零食。学校边上总有个老太太用一只巨大的草编篮子装一些不知什么时候生产的薯片和粉红色饼干，坐在生锈的秋千架后面的阴凉里，等着孩子们跑过去。

我喜欢这些孩子。他们老爱摸我，真的，摸我的手臂、大腿，浑

---

① 本篇中的"功能"概念直接借用自普罗普《故事形态学》中的故事功能分类名，是指民间故事中的情节单位体系，以下具体的"功能"译名，参考了贾放先生的《故事形态学》译本，但根据作者行文，此处省略了原有代码。

身摸，比任何人都仔细。我见过他们中一些人的家人，还知道其中一些家人的名字。很多小孩的妈妈都在巴士站边上的中央公园卖口香糖和腰果，爸爸和兄弟则在我每次走过的时候都来上一句"漂亮妞！"这是调戏？我没觉得。

　　我在一家叫波西米亚咖啡的酒吧度过了自己的 24 岁生日。那段时间，我总是在这间酒吧里用本地水果做桑格利亚汽酒，然后到一家网吧里把它发到网上："看，我用本地水果做了桑格利亚汽酒！"我告诉所有人自己是多么喜欢在异国他乡当外国人的轻松感觉："我们都待在平时待不了的地方！我们一起混着！"键盘的键位分布很奇怪，那时我还不怎么习惯，常常打错标点符号，比如把叹号打成问号："本地水果？""我们一起混着？"

　　我总是不知道该怎么给故事开头，怎么都做不到。因此，我需要"功能"这个概念，它能让我们从现在回到过去。弗拉基米尔·普罗普 ① 一生经历了俄国革命和两次世界大战，他写了一本叫作《故事形态学》的专著，现在除了批判他的人以外，其实已经没什么人关注这本书了。这套理论基本上可以视为对故事叙事结构的一套图解，普罗普将故事情节的组成部分加以分类，归纳为 31 个功能，比如开端、背叛、解决，等等。

　　普罗普这套精巧的话语分类体系包罗万象，涵盖了对故事中的文字、数字、标题、副标题等各种内容的分析方法。他把故事的情节结构转化成了一系列像动物标本一样的东西：诡计、引导、救助。故事中任何情节的开头、转折和发展都可以用这套体系加以标示和分析。普罗普认为这套体系可以把任何一个故事转化为一系列情节单位的组合序列。本质而言，他提出的是一个关于扰乱的理论，在他的理论中，所有故事都是从脱离常态开始的。

---

① 弗拉基米尔·普罗普，俄国民间文学理论家，创立了故事形态学。

Ⅲ . 打破禁忌

现在，我们以失序的方式开始讲这个故事。普罗普的形态学理论并不能完美映射于这个故事，因此我需要不断用不同的"功能"来定位自己的叙述。这里提及的是第三个功能，其中包含的"禁忌"本身也很古老，那些古老的童话故事早就告诉我们：女孩子不应该在黑暗中独行。

后来他们告诉我，在格拉纳达，晚上我本不应该独自出门，在那个街区走动，尤其不能在一些偏僻的小巷子里独行。当然，他们所谓"独行"指的是没有男人陪伴。

男人，这才是最重要的一点。

有些人这样告诫是出于好意，但另一些人听上去很生气。关键是，之前没人把这一点直截了当地说出来，这意味着我们必须对这些功能进行重组。所以，我决定要先回到第二个功能，先从禁忌何来开始讲。

Ⅱ . 对主人公下一道禁令

其实在格拉纳达，没有人告诉我不可独行，相反，倒是有很多人向我保证说，不需要担心，格拉纳达是个安全的地方，别一想到尼加拉瓜就想到暴力，美国人总是觉得别的地方不好。

如果主角是个英雄，那么这将会是一个英雄接受考验的情节，它包含两个要点：规则与越界。这是所有故事塑造英雄形象的起始点。

我的禁忌是恐惧，人人都告诉我，你得控制住自己的恐惧，至少不能说出来。我的朋友奥马尔说："你们这些人都害怕过头了。"

"你们这些人"：女人、美国人、游客。我身上凑齐了这些身份，但我应该试着摆脱它们。我应该努力地成为另一种人，应该在行走于那些街巷时，不去注意阴影里藏着的陌生人。我应该成为不速之客，不请自来地跑到某些地方。

对初来尼加拉瓜的新人而言，你需要先弄懂的东西大多与历史有关。这些东西当然不是我造成的，但确实与我有关。这里的历史就是由这样一些破事组成的：尼加拉瓜内战，军售丑闻，没完没了的里根和布什。奥马尔总在复述布什和查韦斯吵架的一些段子，要知道，在这个国家，查韦斯是被当成英雄的。我笑得比谁都大声，我也恨布什，我需要让他们知道这一点。

我也许无权对这个国家有所要求。我的脸被人揍是不对的，但我也许并不无辜。

所以讲到这里，我还是直奔结局吧：我被人打了。

我至今依然在想这部分应该归入故事形态学中的哪个功能。说起来，到底什么是形态学？我认真查阅了一番，找到了一个解释：对事物形状或形式的研究。

这就是我们把事物固定在原地的方式：赋予它形式。

这个形式也许是：

VI. 反派企图欺骗其受害者，以占有他或他的财物

但在整个过程中并没有什么诡计。整件事就是一个男人从我身后跟上来，把我转了个个儿，狠狠地打了我。没有任何欺骗，前所未有地直截了当。

也许这个比较恰当：

V. 反派获知其受害者的信息

在论述这个功能时，普罗普引用了大量例子来说明"窥探"的多

种形式，但无论"窥探"的具体表现是怎样的，其中总有一个窥探者，而且窥探者总能找到隐藏起来的受害者。坏熊总能套出话，然后把那些藏起来的孩子给找出来。

但在尼加拉瓜的巷子里，事情要简单得多。一个男人就坐在一家空无一人的洗衣店前的马路牙子上，看到我，抓住了我。正如前面提到的：白人、女人、游客。

别处巷子里的男人会对我喊一句"漂亮妞"，但这个人从头到尾未发一言。

谁知道他是怎么想的，我只知道无论他看到了什么，无论他觉得自己看到了什么，都足够让他动手了。

所以接下来应该是这个：

Ⅷ. 反派给一个家庭成员带来危害或损失

我被揍了。手臂、大腿、衬衫、鞋子上都是血。我没哭，我说话了，可从我嘴里冒出来的是什么呢？

我说："我很好，我很好，我很好。"

我说："好多血。"

普罗普说："这个功能至关重要，因为'反派'的形态将在此高度分化。"

这个功能确实可以分出很多种类型来：抢劫或破坏粮食的反派、造成（主人公）突然失踪的反派、施咒语的反派、逼婚的反派、以食人相威胁的反派。

现在又有了两种：光天化日行动的反派、晚上打人的反派。

"到了晚上，这座城就会变成另外一个样子，"奥马尔说过，"出什么事都不奇怪。"

有些功能描述了反派偷窃身体部位的行为。你打坏了某些地方，偷走了它原来的样子，这是无法恢复的。

有人问我："他拿你钱包了？还有你的相机？"

我点点头。我想告诉他："他打坏了我的脸。"

我的故事里还缺了些功能：

追寻者同意或决定采取反制措施，主人公因此行动，主人公与反派展开对决。

这些和我的故事无关。

与我的故事有关的只有：

XVII. 主人公被做了标记

我的鼻子被打断，鼻梁歪了，皮肉瘀肿，仿佛在试图遮盖其下的骨折。言说围绕着记忆膨胀，领悟因为伤痛而增长。

XIV. 宝物落入主人公的掌握之中

这在我的故事里对应着什么呢？尼加拉瓜警察，还是那些酒？被揍之后，我一口接一口地喝下去，指望它们能让自己觉得一切都好，让自己不再瑟瑟发抖。

袭击过后，我去了塞拉大街的酒吧，那儿有些店员是我的熟人。他们一看到我就知道我需要什么。都是打过架的人，不是什么新鲜事。他们给了我湿毛巾、一些冰块和一罐啤酒，我把它们逐个轻轻地敷到了脸上。我不知道自己的鼻子是不是被打脱位了，根本不敢看。

我觉得很丢脸，简直不知道怎么和人说这事，但有些东西是藏不住的：青肿的脸，血迹斑斑的手臂、大腿和衣服。这就是现在的我，人人都看得到，都看得懂，看得和我一样清楚，仿佛我正一丝不挂地站在风中。

警察来了，开着一辆装着个大囚笼的皮卡。有个男人被关在车斗上的囚笼里。那时我正敷着冷毛巾，喝着啤酒坐在街边。警察抽着烟，指着囚笼里的人问："是这个人？"

不是那个人，那个人就是随便找来的，我都还没告诉警察打我的人长什么样。

我摇了摇头，警察耸了耸肩，把那个男人放走了。那个人看起来很生气，这是当然的。

这位警察表现得很友好，但也仅此而已。他给我看了一本贴满惯犯照片的卷宗，里面有不少本地街头混混的肖像，下面草草地标注着他们的花名："小牛""靓仔""蛇仔"。

里面没那个人，我只能说："不是……这也不是……还是不是。"

第二天早上，我去了警察局。那是一栋破烂邋遢的老楼，墙上布满污迹，你一定能从所有的房间闻到从坏掉的厕所飘出来的味道，但我已经做不到了。大多数桌子上放着老式打字机，墙角还堆着不少坏的。警察局位于城里我之前从来没去过的地方，因为除了来投诉，游客绝不会往这儿跑。待在尼加拉瓜的这几个月，我从来没觉得自己这么像一个游客，直到身处此地，成为人们司空见惯的故事的一部分。

警察很想向我炫耀一下他们新装的罪犯肖像素描软件。我和一个家伙坐在一台电脑前，好像整个警察局就这么一台。这家伙问了我不少关于袭击者长相的问题，我答得不怎么样。我好像说了"这家伙有眉毛"，是这么说的吗？我希望能给他们一些形容词，但什么也想不起来。电脑屏幕上绘制完成的素描完全不像那个袭击者。

XX. 主人公改头换面

普罗普对这个功能做了详细的说明:"直接靠相助者的神技改头换面。"我回到洛杉矶,见了一个外科医生,因为脸上还是有东西不对劲,谁都看得出来的那种不对劲。我想修复它,不然我会觉得很难受。医生看到我的脸说:"出事了吧?"

"是啊,"我说,"你能弄好它吗?"

他说:"表面上看,这个说不准。"

所以他破开我的鼻子,我就只能破财了。

我至今卡在这个功能上过不去:

XX. 最初的灾难或缺失被消除

普罗普说:"这个功能往往是故事的高潮部分。"

会怎么样?我的故事至今也没发展到这一步。

手术修复了一些损伤,也把袭击的证据给弄掉了。当然,如果仔细找,我还是能找到些痕迹的,直接挨了那一拳的地方看起来还是有点歪。

你能在网上找到一个叫作"数字普罗普"的程序,不过你大概会觉得那是个游戏。点击进入这个网站,上面写道:"普罗普童话生成器,基于前沿理论与数字技术的数字写作(改编)与转译实验模型。"

通过这个程序,你可以选择你想要的功能,生成你的故事。我选了"缺席""禁忌""侵害""恶行""烙印""揭露",停了停,又回过去选上了"限制"。

我没选"反制""认同""婚姻"。

我点了一下那个小小的"生成"键，网站就生成了一个故事。这个故事是关于一颗禁忌之梨的，里面有一个与一只鸟争斗的主人公，一场与飞行有关的胜利。在这个故事里能看到不少我没选的功能："挣扎""挑战""胜利"。这个故事里有战斗，最后还有胜利："我身上的尘土变成了闪闪的金屑，人民奉我为神之一员。"

那次袭击之后，我的人生，我那反复回忆又反复重组的记忆都将会和一个人有关：那个陌生人。这种关系也许替代了故事里本该出现的另一个功能：ⅩⅩ.主人公成婚并加冕为王。我真想让某个男人爱上我，这样他会因为我受袭这件事而感到愤怒。我不该这么想，但情不自禁。

几个月之后，我在威廉斯堡碰到了前男友之一，他往某人的行李箱盖上撒了一撮可卡因请我享用。可那个时候，我觉得自己的鼻子似乎已经从脸上溶掉了。

我摇头拒绝了。他说："干吗不来？"

我告诉了他为什么，他不笑了，变得非常沮丧，就好像他想要从我身上得到些什么。他想要什么？我不知道我有什么可以给他的。

从尼加拉瓜回来之后，每次和人解释发生过什么的时候，我都觉得自己好像依然在拼凑一个复杂谜题的各个部分。这个谜题包含了暴力、随机性、冷漠无情、肿胀的脸、钞票以及游客的原罪。"原罪"这个词听起来很不对劲，好像我想对发生的事情表示歉意，或者觉得因为我的游客身份这些事才发生了。其实我并不是在找借口，我只是想在我的各种情绪之外，在愤怒、恐惧、不断想照镜子检查我脸上零件是否失位的强迫症之外，试着去说清缠绕在这些情绪之中的那种负罪感。

在那之后，我读了研究生，然后开始写一系列关于文学细读实践① 的论文，开始读普罗普，开始用读故事的方式去回顾自己的人生。

故事的最后一部分没有对应的功能。当下，主人公正企图运用早期俄国形式主义者的老掉牙理论去理解她的脸是怎么受伤的，还有她身上其他的一些事又是怎么默默发生的。

同样地，我也找不到一个对应的功能，来说明这篇文章是如何实现修复或者转运的：修复受伤的眼睛、内心，甚至那一天本身。我记得的只有一样：我浑身是血。我的脸会让我一直记得一个陌生人，尽管我永远都不会知道他的名字。

---

① 文学细读实践，20 世纪 50 年代新批评学派所倡导的文学批评方法，强调对文本的直接分析。

痛苦之旅 I

失落的白银

如果你想去世界上海拔最高的城市波托西看银矿的话，可以这么走：先搭飞机去埃尔阿尔托[①]，此地海拔 4 061 米，有些人刚出机舱，心脏就不行了，但波托西的海拔比这儿还高；你接下来要从埃尔阿尔托搭巴士去奥罗鲁，然后再转乘另一辆巴士到波托西。这一路你可能要和一只牲畜拼座，你可能会看完一整部尚格·云顿演的动作片。夜行车上总是播放这种片子：尚格·云顿打恐怖分子，杀坏人，口型不搭地说着蹩脚的外语。

下了巴士，你看到的波托西和别的玻利维亚城市一个德行。街上的老妇人在明火上烤玉米穗子，到处都是瘦狗和坏掉的电器。但很快，你的眼睛会捕捉到一些不同之处。这座城市的中心广场边环绕着一圈彩画墙，城里有不少装饰富丽的露台，还有宏伟的庭院。你也许会觉得它们很漂亮，也许会觉得太浮夸、太具有殖民地风格了，不够

---

① 埃尔阿尔托，玻利维亚第二大城市，位于安第斯山区，世界上海拔最高的大型城市之一。

洋气。这些建筑看多了甚至会让你觉得有点恶心。

大家到波托西来都是为了去看那个有名的银矿赛罗里科，因此你也会去看看。报名参加旅游团的时候，你也许会碰到一个端坐在办公桌后面的家伙说矿工可以从团费中得到分成，这时记得礼貌微笑。一定要用你蹩脚的西班牙语告诉他，这真是太好了。带好你的装备，靴子、工装、用来捂嘴的扎染大头巾。搭个小面包车去矿工市场，你会看到和山羊头骨摆在一起的切·格瓦拉帽。"革命万岁！"边上就是一堆白乎乎、闪闪发光的动物组织，那是剥好皮的下水。

不过，你去市场的目的是买礼物，给地下的矿工买礼物：亮色的罐装果汁汽水、条状的炸药、蓝色小袋装的古柯叶。这些东西是送给矿工的礼物，或者说，是送给"赐予者"的：你这么做是为了回馈你从这里得到的那些馈赠，你会很开心，反正他们是这么说的。这么做，你就可以心安理得了。

那个叫法维奥的导游，你得好好听他说话，他是个和你同龄的愤青。法维奥不到25岁，有三个兄弟在矿井下干活，两个儿子将来也会去那儿，除非法维奥能赚够钱把他们送走。他会浅笑着和你说："你跑到这儿来，不会就是为了听我唠叨自己的吧？"是啊，这就是你的目的。确实如此，你难道不是总在贪婪地渴望过别人的生活吗？但你得先听完其他的，因为倾听本身就是你送出的一件礼物。至少你自己是这么觉得的：了解，会让一切有所改变。

所以，不要走神，听着！他们管赛罗里科山叫吃人山，因为它已经吞噬掉了600万人。波托西靠银矿致富，城里才修建起那么多美丽的庭院。但600万，我的上帝啊！你局促不安地瞥了一眼你准备的礼物：那些幸运炸药，那些葡萄汽水。

矿山上全是井口，但你只会拜访其中一个。那个黑乎乎的洞口就在山坡上，坡上堆满了破烂的牛仔裤，到处是碎啤酒瓶、厕纸、风化的大便碎成小块散布四周。他们告诉你，矿工就在这里吃喝拉撒，两班倒，每班12个小时。哦，是的，是的，当然如此。

刚下去的时候，你见到的只是又黑又冷的巷道，你觉得这还是可以忍受的，但很快就不这么想了。两吨重的矿车沿着狭窄的轨道络绎不绝地运送矿砂，陡峭的隧道里全是飞尘，所有的一切都伸向矿井深处，热得像个地狱。有时候，你只能跪下来靠膝盖前进。有时候，你需要匍匐着往前挪。偶尔从矿工身边经过，他们的嘴里满满当当地嚼着古柯叶。导游向他们问好的时候，游客就可以给他们几罐汽水。

法维奥会告诉你一些有关埃沃总统①的猛料。这里的人曾经都以为他会让一切有所改善，但事与愿违。埃沃称矿工为兄弟，但还是在加他们的税，于是，矿工们开始罢工。当然，矿工们总是会罢工的。法维奥说事情还在拉巴斯"协商讨论中"。你点头就好。你知道肯定有一些值得一问的问题，但此时你问出来的只是"我们离第三层还有多远？"你已经有些呼吸困难了，头巾早就沁满了灰尘。

到了第三层，就在通风隧道的尽头，你看到两个男人站在黑黑的坑底。"让我告诉你，我们是怎么过这一天的。"法维奥说，"我们这些矿工总是在讲笑话，这两个人大概刚讲完了一个。"这两个人在地下已经5个小时了，接下来还有7个小时的工。需不需要送他们些炸药当礼物？显然是要的。

出去的时候，你会在路上经过一尊魔鬼雕像。他叫迪奥，魔鬼叔叔。迪奥嘴里叼着一根香烟，手里拿着一罐啤酒，裤裆里勃起一根巨大的木头阳物。矿工大多是天主教徒，但在下面，他们崇拜魔鬼。要不然呢？这里是他的地盘。他们崇拜这尊魔鬼直到35岁，也许40岁，然后就死掉了，死于事故或者矽肺②，矿工管这种病叫"肺里面的矿尘结了块"。他们留下自己的儿子继续在山里工作，但山里的白银已经比他们的父辈做矿工时少了，更不用说比他们爷爷辈做矿工的

---

① 胡安·埃沃·莫拉莱斯·艾玛，玻利维亚印第安原住民政治家，2005年当选玻利维亚总统，2009年、2014年连任，以民族主义与左派立场闻名。

② 矽肺，又称硅肺，是尘肺病中最为常见的一种类型，是由于长期吸入大量二氧化硅粉尘而引起的以肺部广泛的结节性纤维化为主的疾病。

时候了。

在出口处，阳光和新鲜空气涌了进来，令人动容。你搭上小货车回程的时候，会在后视镜上看到自己的样子，脸颊黑了，脖子黑了，嘴唇也黑了。事实上，你看上去就像个魔鬼。

崇高与改变

这档节目开头的一段话既是一种警告，也是一种保证："本节目所含内容与言语可能令部分观众不适。"这种保证就像一辆救护车、一道伤疤，或者一条因为事故封闭的高速公路，你会意识到自己将看到什么。

这档节目叫《干预》，每集都以一位成瘾症患者来命名："珍宝""卡西""本尼""珍娜"。丹妮尔在咖啡桌上一字排开12个处方药瓶，而她8岁的孩子说了一句："我知道真妈妈正等着出来呢。"索妮娅和茉莉娅是一对厌食症双胞胎，两人在家中形影不离，互相监督，以防其中某一个烧掉更多的卡路里。这些成瘾者每个人都有自己的伤痛，比如格劳丽娅因为自己的乳腺癌而酗酒；丹妮尔偷吃母亲的止痛药，因为父亲是个酒鬼；玛西因为酗酒丢掉了孩子的监护权，这又成了她酗酒的理由。

安德拉29岁，她有丈夫，有孩子，但他们已经9个月没有生活在一起了。她妈妈小心地按量给她提供朗姆酒，天天如此。每天喝酒的时候，安德拉就咒骂她妈妈："这都是因为你从来没问过我的想法。"她一手拿着一瓶摩根船长 ①，另一手拿着一大瓶百事可乐。安德拉身上全是瘀伤，因为喝醉后她会从椅子上滑下去，会被门槛绊倒在

---

① 摩根船长，调味朗姆配制酒品牌，原产于英国。

地。节目告诉我们，大量瘀伤是肝功能衰退的一种征兆。这给了我们机会，让我们得以从科学家的视角观察自我的逐渐毁灭。

摄像机成了一种可以将这单调乏味的一切变得有趣的实验装置：延时摄影拍下了酒瓶里一点点被喝干的威士忌；空镜头里的街角显得如此无可救药；一连串按时间排列的静态图片就可以展示一个人从罪人到殉道者再到一具尸体的全过程；你能清晰地看到一个笑容明媚的孩子如何一步步自暴自弃地成为一个一身针痕的冰毒毒虫，再一步步变成一张阴沉的嫌疑犯标准像。通过这件电子设备，成瘾症患者的疲惫与无望，就这样压缩成了一集集真人秀。

清醒的时候，安德拉谈的总是自己应该对这一切负什么样的责任，但一个醉酒的安德拉所说的只有她的苦难。安德拉的一生都在舔舐着两道伤口：酒鬼老爸的人间蒸发，还有14岁时她遭遇的那场强奸。当安德拉喝醉的时候，她不觉得自己除了承受伤害之外，还有别的什么事可做。

这档节目的架构就是围绕这样的受害者叙事展开的。节目需要这么一个故事，而安德拉的这个故事正好完美契合节目的要求。这样一个故事可以完美地匹配之后救赎、自我接受的桥段：被人强奸，变得沉默，被抛弃，然后去酗酒。这档电视节目需要的正是这样一张走向自我毁灭的路线图。从酗酒出发，我们一一观察这个女人身上那一出又一出伤痛，这样酗酒就有趣多了，至少比把酗酒当作这些痛苦的根源来得有趣。这些在节目中走向康复的酗酒成瘾者有时谈到这样一种感觉：其他人的人生仿佛有一份说明书，一切都按部就班，但他们的人生却一开始就混乱一片。但是在这个节目上，这些故事自有它们的因果逻辑：丢了工作，然后酗酒了；没了孩子，然后酗酒更凶了；最后，故事的主人公会失去一切。安德拉就是这样。那就清醒起来吧！安德拉，你能做到！也许。

杰森是安德拉的孩子的爸爸，但每个月安德拉来看孩子的时候，这个男人都对她不理不睬。不过安德拉还是会把这个男人叫作"我一生的挚爱"，而他只回了一句："咋了？"就继续埋头做午饭。他拒绝了节目的采访，没有参与到节目中。他放弃了，从此以后再也不会隔着浴室门哭泣，或者从安德拉手里夺去酒瓶。杰森就这么走了。

我们没有放弃，但我们只是观众。在安德拉和孩子说再见之后，我们依然和她待在一起，看着她再一次开始喝酒。我们亲眼看到了杰森为什么没法继续待在安德拉身边。

这档节目一再强调：参与者同意在真人秀中出镜，公开自己的成瘾症，却不知道他们面对的将是干预。《干预》现在在美国有关成瘾症的节目中排名第一，这让参与者的不知情显得难以置信，但关键在于观众们愿意这么相信。观众们希望了解那些连成瘾症者自己都不知道的东西，看着充满悬念、强大而有力的干预过程一步步走向高潮。这让他们身临其境。"不要放弃自己，安德拉，"如果这些观众在拍摄现场，他们一定会高声呐喊，"我知道你能做到。"

18 世纪的哲学家埃德蒙·伯克[①]曾在他的崇高理论中提出了"负痛苦"这一概念。这一概念建立在对人类恐惧的理解上，认为如果一个人能在安全的环境下，在与恐惧保持距离的情况下感受到恐惧，那么这种感受会产生愉悦。一个女人坐在沙发上，拿着一杯霞多丽葡萄酒，看着另一个女人在酗酒中沉沦。电视让这样两个女人共处一室，但屏幕却又把她们分隔开来。这将伯克的崇高变成了一种崇高的窥私癖，人们不再敬畏这样的恐惧，却沉迷于人性深处的脆弱。

节目中负责干预的专业人员被称为"干预者"，听这个名字，你会以为他们来自一部关于末世的超级大片。在我的想象中，这部片子讲的应该是一群从天而降的英雄，身穿黑袍，给这个对资本主义和石油成瘾的世界下了最后通牒。但这些干预者们只是一些穿着职业装、循规蹈矩的老爷爷老奶奶。他们在干预中几乎总会强调它的独特性，

---

① 埃德蒙·伯克，爱尔兰政治家、哲学家，英美保守主义的奠基者。文中提及的论文全名为《论崇高与美丽概念起源的哲学探究》。

比如对成瘾症患者说："这是你最后一次机会。"这句话说的正是他们所希望达到的效果：我们来了，成瘾症患者此后的生活会截然不同。

当然，这是事实。上过节目的成瘾症患者可能不会再接受一次这样的干预了，至少不会在真人秀里。但患者和观众是截然不同的。在普通观众这里，对成瘾者来说一生一次的干预会在每周一晚上9点准时上演。那些不可重复的干预一直都在重复，一周一次，上周的戒瘾誓言结束后，观众又在这一周被拉回到成瘾故事中。下一周，另一次天主显灵将发生在另一个上瘾者身上，另一个成年女人将坐在母亲的沙发上呕吐，另一支注射器将插入又一根静脉。困扰如约而至，然后被记录在案并按计划解决，接着，整个过程再次被制作成片，下一次的拯救行动又将如约而至。

成为一个兜帽党

这次黑帮主题旅行的出发地是银湖城一座叫作梦想中心的大楼。一帮大人跑到这座大楼前，像小孩郊游一样挤进了一辆巴士。每人65美元，附赠一瓶免费的瓶装水。你一眼就看出这些人里有来自密苏里的教会旅行团，二十个金发壮汉，你的眼睛一直扎在他们装满零食的牛皮纸袋里：泰迪饼干、品客薯片、奇多薯片。你注意到这个团里的澳洲人多得出乎意料，一个个都跃跃欲试。这群人里有个叫米尼的，长得却一点都不迷你，他好像是和儿子一起来的，一个穿着松垮裤子、戴着牙套的少年。

阿尔弗雷德是这个游览项目的创始人，也是团里的导游。他早前是一名海军陆战队队员，退役以后成了帮派分子，再然后则成了个企业家。阿尔弗雷德满嘴都是黑帮笑话，比如："我们不开窗户，因为我们今天不搞飞车扫射。"其实你们打不开窗子，只是因为这是辆空调车。阿尔弗雷德还雇了另外三个人帮忙做导游，他们都是前帮派分子，因为有联邦重罪的案底，找不到别的工作。他们把自己的经历变成了展示给旅行者的故事。这三个人既是策展人，又是展出品。在做导游之余，他们还负责在旅游团到访的街区做调解人。你付的这65美元会为这个调解项目提供资金。

你的编剧朋友带着半杯口感不佳的印度奶茶来了。他恭维着你风格婉约的黄裙子，夸它配色正好，而你想起了小学时某次进城观光。你和朋友韦斯特赛德拿到了一份言辞谨慎的黑帮游导览手册，你会下意识按照它说的去做。密苏里旅行团的领队留了个板寸，阿尔弗雷德亲切地管他叫牧师。"牧师呢？"如果阿尔弗雷德觉得牧师会对某个聊天话题感兴趣，就会这么把他叫来。

巴士里的笑话是一个接着一个。"要是碰到紧急情况，你能在座位下找到防弹衣。"窗外，风景变换。银湖城里的老平房被市中心的商场取代，广告牌上是多种族的大杂烩，到处都是连锁咖啡厅、越南河粉餐厅，英语、西班牙语混杂的广告牌："咖啡厅和旧货铺"。还有个电话号码，1-800-72-DADDY，它承诺能让老爸们收回孩子的监护权，或者至少收回探视的权利。

导游们会轮流到车厢前面来讲一个关于自己的故事。有个家伙，就叫他"摩羯"吧，这个人指着一个地方让我们看，他的初恋女友一直住在那儿。"还是不接我的电话。"他说。另一个家伙给我们背了一堆数字：犯有多少项联邦重罪，服了多久刑，蹲过几处监狱，每次进去是因为多少克可卡因。有个家伙给我们描述了他上初中第一天发生的一场地盘大战，来自三个不同小学的孩子第一次碰到一起，每一伙孩子都有自己效忠的帮派。这些小孩开始互"拍"，直到警察到场才住手。你以为"拍"是拍手吗？不是的，他们告诉你，这里的男孩子一般在11或12岁就拿到了自己的第一支枪。

枪、逮捕、来来去去的大把票子，这些家伙谈过去的时候，你会感受到一种怀旧的意味萦绕其中，这些故事中的自豪感从未退场，无论是过去还是现在。但在这样一个场合，这种自豪感中总是有深刻而独特的哀伤之情，挥之不去，它来自这条道路的艰难，也来自最终避无可避的恶果。所以，往日已逝，这些男人出了狱，想要过另一种生活。当阿尔弗雷德说"我是个有精神追求的人"，你发现他说话的同时在留意看牧师，想知道牧师有没有在听自己说话。在其他人面前，阿尔弗雷德身上发生的变化给他们指明了一条可行的路。他会告诉你他是如何拼命扩大自己的词汇量的，比如，"我从孤独里学到了'做一个绅士'""我连洗澡的时候都会练'累犯'这个词的发音"。他称摩羯的人生故事是"一部兜帽党的传奇"。

学者格雷厄姆·哈根[①]将所谓"异国情调"定义为："当参与者确信自己不会真正卷入其中时，一种差异性体验所产生的诱惑。"你身处兜帽党的世界，却不是其中一员。这个世界就在车窗之外，你看着它就像看一幅全景画。"我们今天不搞飞车扫射"，是的，我们只是开车路过。

从市区一路驶来，你会路过洛杉矶县的旧监狱。这座建筑美得出人意料，有漂亮的石砌立面和庄严的石柱。但被称为"双子塔"的新监狱却一点也说不上漂亮，造得像个一脸病容的水泥圆筒。阿尔弗雷德拿着麦克风讲起他在那里面的日子：一个六人间的号子塞了十个人，检查组来的时候就把多出来的人丢进杂物间和厨房。他还谈起了里面的老鼠，叫它们"高速路上的弗兰迪"。监狱世界对接的是牢门外面的一整个生态系统，比如一整个卖保释状[②]的街区：阿帕保释状、杰米·德莱特二世保释状，还有大狗保释状（又叫"我还扛着呢"）、阿拉丁保释状（又叫"我要他妈的第三个愿望"）。卖保释状的店会告诉你，每个进局子的家伙都有个妈，而每个妈没准都能讲

---

① 格雷厄姆·哈根，英国文学批评家、文化批评理论家。

② 保释状，取保候审时递交的法律文书，因取保按嫌疑犯情况不同需要不同的法律理由，故英、美法系中一般套用类似案件中的保释状格式。

这么一个故事，说的是在去保释状商场的时候，她是怎么在各种店中间晕头转向的。

你从市中心出发到城南，最后到了华兹^①。那里的塔群风格怪诞奇诡，直刺青天，仿佛出自女巫之手。摩羯告诉你，他爬过所有的塔，是的，华兹的孩子都爬过这些塔。很多人把这些塔文在了背上或肱二头肌上，这成了他们的出身证明。一个密苏里姑娘问道："它们是用什么做的？"摩羯反问："你看它们像是什么做的？"

你会喜欢这种旅行团，因为总有人问很蠢的问题，虽然这个问题不算其中之一。它们是什么做的？摩羯语塞了一会儿，然后说："贝壳和屎。"是的，你过了一会儿就知道他没开玩笑。这些塔是用贝壳、钢铁、砂浆、玻璃和陶片建成的。一代又一代帮派分子把这个叫西蒙·罗迪亚的移民所创作的意大利民间艺术品当作自己的标签。

摩羯告诉你，"摩羯"这个名字在他知道自己的星座之前就已经选好了。事情就是这么凑巧，这个名字不赖。正说着，有一个叫木偶的家伙给他打电话，摩羯没接。他说："现在没空理他。"摩羯告诉你，他到现在还觉得有人在窃听他的电话。他没说是谁，但他几乎每个星期都换手机，然后把换下来的送给他的侄子、侄女。你的编剧朋友开了个玩笑："所以现在是你的侄子、侄女在被人窃听？"摩羯没有笑。你的朋友告诉他，你也是在这儿长大的，就在圣莫尼卡，这让你很尴尬，因为圣莫尼卡根本不在这一片。

这一片是华兹，是一片窗栏花纹卷曲的彩色房屋，是后院二手市场里装满绒毛玩具和二手水枪的大箱子，是一个残缺者的世界。"做一个观察者，去看那些发生在另一个国度的灾难，这是一种典型的现代体验。"苏珊·桑塔格如是说。这趟旅行中的所见让你感觉怪异，原因之一是你的游客身份——"有多少人死在这里？""小孩多大出

---

① 华兹，即洛杉矶市华兹区，以全美最高的单亲家庭率、名为"华兹塔"的现代艺术雕塑群（由意大利裔美籍艺术家萨博塔·罗迪亚创作于1921年至1954年，该艺术家绰号"西蒙"），以及20世纪下半叶多次发生的"华兹暴乱"闻名。

来混?"但其实你自己长大的地方离这一片不过 18 英里(约 29 千米)远。

阿尔弗雷德说,在洛杉矶帮派争斗中死掉的人比爱尔兰大动乱的死者还多。你从来没想到会是这样,但这就是他想告诉你的:根本没人会想到。这些街区看着很普通,南中央大道上挤满了卖手镯的商场,还有些汽车零件店。华兹曾经被点燃,那场大火不过是 1965 年的事。黑人小孩没资格参加什么童子军,他们不堪忍受,就组织了自己的小团体,一直扩大到足有 35 000 人。到了 1992 年,人们又一次觉得不堪忍受。那一年罗德尼·金① 遭人殴打,成千上万华兹的孩子发起了一场暴动,人人高喊着"受够了",一声口号之后,一块砖头拍在了雷金纳德·丹尼② 的脑门上。

你试着回忆自己小时候是怎么看罗德尼·金事件的,什么也想不起来,真的做不到。那一年你 9 岁,你只能依稀记得自己顽固地支持着警察:"他们只是因为那个人做了错事才打他的。"那时候,你还是会相信警察,相信体制,这个体制确实一直把你服务得很好。相比之下,你对 O. J. 辛普森③ 的记忆更加清晰一些。O. J. 辛普森的老婆是在布伦特伍德被杀的,你在那儿上过学。

罗德尼·金先被人围住,然后被打翻在地。他足足挨了 56 次警棍,两个警官还踢伤了他的脸。那时候你在哪儿?你只是个孩子,那时候你正待在海边。而就在海岸以东的地方,那里的孩子同样在经历自己的童年。在那里,人们的怒火烧遍佛罗伦萨街和诺曼底街的

---

① 罗德尼·格林·金三世,洛杉矶出租车司机,1991 年被 4 名洛杉矶警察殴打,殴打过程被录像并在地方电视台播出后,最终引发 1992 年洛杉矶种族骚乱,骚乱中 55 人丧生,2 000 人受伤。

② 雷金纳德·丹尼,白人卡车司机,1992 年在洛杉矶骚乱中被一个名为"洛杉矶第四"的黑人团伙袭击,重伤濒死,新闻媒体以直升机全程拍摄,并在全国性媒体中播出。

③ O. J. 辛普森,美国橄榄球明星,20 世纪 90 年代著名的"辛普森案"的主角,被控杀妻,后因证据不足被判无罪。该案因曲折的审判过程、涉案人的明星身份、牵涉的种族问题、社会阶层问题以及媒体的高度关注而成为 20 世纪 90 年代重要的社会文化事件。

街角，烧向库恩和鲍威尔[①]，烧遍了文图拉县[②]所有不为人知的角落，一连好几天，久久不熄。

你坐的空调车驶过了洛杉矶河上的水泥大桥，这座桥是这片城市荒原的耻辱柱。灰色的河堤上涂着一片片浅灰涂料，这是政府反复刷掉上面的涂鸦后留下的痕迹。阿尔弗雷德指着河岸上一条非常长的涂迹给你看，足足有三层楼高，0.75 英里（约 1 200 米）长，那下面曾经是世界上最大的签名涂鸦，写着 MTA（城铁刺客）[③]。这个巨大的涂鸦甚至从谷歌地球上都能看到。现在，刷掉它的那一片灰腻子就像一座巨大的墓碑，那是两种权力争斗后留下的一道巨大伤疤。就在那儿，两种"人民的力量"曾经围绕同一片空间展开了殊死搏斗。

阿尔弗雷德给我们上了一堂涂鸦分类学课：签名涂鸦、火焰涂鸦和滚筒涂鸦有何不同，大师画和呕吐画怎么区分。大师画一般会用上超过三种颜色，呕吐画一般由泡泡状的变形文字组成，不过这个名字听起来更像是在形容小孩吐出了一嘴的颜料。在城区的墙上，你看到有一张大脸吐出了一道彩虹，而街对面则画着一只被夕阳照亮的北极熊。你对编剧朋友说："看那幅呕吐画。"他纠正你："那是大师画。"然后数出了那幅画中的五种颜色。这让你意识到其实那三层楼高的 MTA 也是一幅大师画。你现在知道了，其实在加州，任何涂鸦行为都是联邦重罪，知道了美女头骨画叫作"亲爱的骷髅"，知道了眼睛底下文上三个点叫作"疯狂人生"，意思是我要在这儿活下去，不过在你看来，这三个点更像是飞向空中的眼泪。你搞不清这样的标记究竟在说什么，是他们的承诺，是一种放弃，或者介于两者之间？米尼的儿子忍不住问阿尔弗雷德："你是不是也有自己的涂鸦签名？"他还

---

① 库恩和鲍威尔，在罗德尼·金事件中参与殴打的两名警官。

② 文图拉县，美国加利福尼亚州的一个郊区县，紧挨洛杉矶市，首府为文图拉市。

③ MTA，Metro Transit Assassins 的缩写，洛杉矶涂鸦团体名称。

问摩羯，他的家人是不是还在华兹生活，我们这次会不会见到他们。

这趟游览的终点是一幅放荡的"亲爱的骷髅"。你们纷纷在一幅用亮蓝色泡泡字写着"大洛杉矶"的巨幅壁画前摆出各种"黑帮枪手"的姿势，让人给你们拍照。也许你是不会干这事的，因为这让你觉得很不舒服，但那些澳洲佬爱死这个了，他们一边摆出黑帮手势，一边不停地模仿着黑帮硬汉的表情。一个密苏里来的小姑娘让朋友给点摆拍的建议，朋友告诉她要"酷一点"，然而她做不到，根本忍不住笑。和牧师一起摆拍的是巴士司机，他脱掉了自己的上衣，露出胸部的文身，那上面的每一朵玫瑰都代表了在牢里度过的一年。司机的胸前长满了这些花。

拍照环节就像是这趟旅行的高潮，虽然十分诡异。你是来理解帮派暴力的，想理解这一场美国公民之间的永恒冲突，毕竟我们所知的只是冰山一角，但现在你看到的是教会学校的小孩笨拙地摆弄着手指模仿东岸帮、杀手帮。也许牧师会把他的社交网站头像改掉，改成他和摩羯摆出掌对掌手势的照片。"照片是一种客观化，"桑塔格写道，"照片将真实的人与事转化为可占有之物。"现在，牧师拥有了兜帽党的一块碎片，或者更确切地说拥有了自己人生的这一刻。他把自己的这个高光时刻保存下来，就像一件纪念品，他怒睁的眼睛因此成了一件能带回家的护身符。对于你和其他人，你希望这次旅行给了你们一个新的自我认知：我们是更开明的人。

你想象着，在布兰森教区下周日的布道会上，摩羯和阿尔弗雷德像两个改过自新的鬼魂一样站在布道台上的样子。也许牧师会说：这些人有了180度的大变化，令人难以置信。听众会用掌声频频打破教堂的寂静。

实际上，你也会为这样的布道鼓掌。这些男人就是在暴力中长大的，对他们来说，暴力如同父母般无处不在。如今他们活成了另一个样子。如果我告诉你可以毫无顾忌地说出心中所想，你会说这次旅行是不容错过、刻骨铭心的吗？

是的，这一切让你不舒服了。这种不适才是关键。这趟旅行越是直白地告诉你一切，这种违和感就越强：你今天度过了一个开心的上午，而让你开心的东西是这些人的生和死。这次中南区的空调车旅行本身没什么让人不舒服的，它的沉重之处并不来自现在所见的这一切，而来自我们这些人的置身事外。我们听不见，看不见，远离枪击，一如往常，哼着小曲，沿着太平洋滨海公路一路驶离这里，顺道到某个小酒馆喝上一杯。

这趟旅行真正能给予你的东西要在它结束之后才会到来。对于这些别人的痛苦而言，你不过是个游客，但一切结束之后，你发现那些画面依然在你脑子里，久久挥之不去。无论你逃离了多远，逃过高速路，逃到另一个国家，或者逃过了大洋，它都会如影随形。你无处可逃，无法得到保释，因为这一切都不会消失，它们会一直连在你身上。那些初中一年级学生之间的互"拍"声会跟着你。你的无地自容会跟着你。也许你的道德义愤只是这种联系的一次集中体现。所以准备好吧，这一切不会那么快离你而去，这是一场新的旅行，做好准备吧。优越感带来的无限羞耻会不断让你自惭形秽。此地的真相无休无止，如疽附骨，自我反思的痛苦也许是你唯一能回报的东西。你也许在内心负罪感的嘎嘎作响之外几乎什么也听不到，但无论如何，请好好听一听。

不死之域 ^①

　　天还没亮，在冻头州立公园的西头，一个穿着锈棕色风衣的男人吹响了大海螺。跑者们正在帐篷里一刻不停地行动着，他们已经装满了水壶，包扎好了脚上的水泡。果塔饼干、糖果条、能量饮料，他们吃的早餐含上千卡能量。其中一些人正在祷告，另一些人在准备自己的运动腰包。那座著名的黄色大门旁边，那个穿风衣的男人正坐在一张草坪椅上，手持一支香烟，喊了一声："2 分钟准备！"

　　跑者在他面前集合，一起开始做伸展运动。如果足够强壮，运气也好到能跑很远的话（这大概率不可能），他们要跑上 100 英里（约 161 千米），穿过这片荒野。他们等得心焦起来，我们这些观众也一样。东方的天际此时沁红如血。我边上有个牵着条瘦狗的纤瘦女孩，她千里迢迢从艾奥瓦赶来，来看着父亲跑进这片晦暗之中。

　　所有眼睛都盯着风衣男。7 点 12 分，分秒不差，他从草坪椅上站起来，点上了烟。烟一点亮，巴克利马拉松就开始了。

---

① 标题"不死之域"源自文中主人公"拉撒路"的名字，拉撒路是《圣经·新约》中耶稣复活的一名死者。

这里上演的第一次长跑是一次越狱。1977 年 6 月 11 日，詹姆斯·厄尔·雷 [1]，枪杀马丁·路德·金的凶手，从灌木山州立监狱逃跑，试图穿越田纳西北部荆棘丛生的山岭。他在越狱 51 个半小时后被抓获，跑出去仅 2 千米。听过这个故事的人都奇怪他怎么就这么糟蹋了这个越狱的机会，但其中有个人却想：我要去看看那片荒野。

20 年后，这个人成了前面提到的那位风衣男。他出生的时候叫格雷·坎特罗，但是现在他管自己叫"湖中的拉撒路"。拉撒路把这片荒野变成了一个上演传奇壮举的舞台：在拉撒路节或愚人节那一天，一年一度的巴克利马拉松赛按时在田纳西州的沃尔特堡郊外举行。拉撒路管这场赛跑叫"食人竞速"。参赛跑者运动衫上贴的号码布每年都会写上不同的口号："毫无意义地受折磨"，或"不是所有的痛苦都会有收获"。历史上只有 8 个人完成过这项比赛。即使对于那些极限运动员而言，这场赛事也过于极限了。

这项比赛为什么会这么难？原因之一是没有赛道。赛事全程的上坡段高度累加起来有两个珠穆朗玛峰高。比赛路线上布满了一种本地人叫作锯齿石楠的荆棘丛，它能轻易让人皮开肉绽。赛程中有一系列异常艰难的坡段，比如老鼠下巴坡、小地狱坡、大地狱坡、虔诚坡——虔诚坡之所以有这样一个名字，是因为它能让大多数选手忍不住画十字（从裆部一直画到眼睛，从左肩画到右肩）——更别说还有种马岭、大鸟岭、棺材泉岭和"之"字山道。今年路线里新添了一个上坡赛道，直接被称为"坏东西"。

比赛一场要跑 5 圈，官方统计每圈总共 20 英里（约 32 千米），实际上可能接近 26 英里（约 42 千米）。这么大的偏差其实和测量是否标准没什么关系，公认的测量标准完全衡量不了如此离谱的巴克利马拉松。物理法则也好，人类的耐力也好，在拉撒路的奇想面前都

---

[1] 詹姆斯·厄尔·雷，1968 年因刺杀马丁·路德·金获刑 99 年，一生多次越狱。文中提及的 1977 年越狱发生后，刑期增加至 100 年。

要靠边站。哪怕这场比赛真的"仅"有 100 英里（约 161 千米），那也是"巴克利的 100 英里"。一个在一般情况下能在 20 个小时内跑完 100 英里的选手，在这儿可能一圈也跑不完。跑完 3 圈，你就完成了所谓"趣味跑"，如果跑不完（说实话，你没什么可能跑完），拉撒路会吹着喇叭告诉大家，你放弃了。除了那些在睡觉的和那些已经虚弱到什么也听不到的，整个营地的人，无论是在场上蹒跚向前的、浑身沾满烂泥的，还是累趴了的，都听得到那个声音。

能到这儿来参赛很不容易，因为没有公开发布的参赛要求或参赛程序，你要认识人才行。拉撒路按自己的想法挑选手，没什么标准，他会问参选者一些问题，比如"你最喜欢的寄生虫是什么？"，或者要你写一篇作文，题为"为什么我应该被准许去跑巴克利"。一共只选 35 个人，今年我哥哥是其中之一。

朱利安是第一次跑，15 个新手之一，因此，他想竭尽所能，至少跑完一圈。朱利安成功逃脱了所谓"人祭"的称号，这是对拉撒路目测的最菜新手的官方称呼 —— 通常来说，其实这些所谓新手都已经是有过极限跑[①]经验的人了。没准其中有人会迷路并打破丹·巴廖内的赛事最慢纪录：2006 年，75 岁的丹花了 32 个小时只跑了 2 英里（约 3.2 千米）。也许就因为没拧紧的手电筒帽，或者一条意料之外的小溪，你就完蛋了。

在巴克利，也许根本就不该用"迷路"这个词。应该说只要你开始跑，就已经开始了一场迷失，因为这意味着你一连几个晚上都会迷失在灌木丛中，所以要不断使用指南针、地图、手册，要跟住别的选手，还得尽量保持理智以抵抗下一次崩溃。新手通常都想跟住熟门熟路的老手，但总是被甩。"新手超车"，意思是一个新手被甩在了路

---

① 极限跑，超级马拉松，一种超长距离的长跑运动，赛程一般远超标准马拉松的 42.195 千米，具体长短不定，有以距离和以时间计算成绩两种。

上。也许不过是弯腰系个鞋带的工夫，老手已经不知窜到哪儿去了。

比赛前一天，跑者们一个个穿着五颜六色的运动套装，像一群彩虹色的海豹般涌入营地。他们搭卡车或者租车前来，有些开来了锈迹斑斑的小货车，或者直接开着野营房车就来了，车牌上写着"100跑者""终极男人""疯狂奔跑"之类。他们都带着迷彩帐篷，穿着橙色的猎人背心，带着狐疑的女友或早已习以为常的老婆，以及随身的旅行小毛巾和小狗。拉撒路自己就带来了一只小狗（名字就叫"小狗"），它的一只眼睛上有块很大的黑斑，就像个海盗眼罩。"小狗"今年差一点儿就名不副实了，因为它碰到并试图吃掉一条比它还小的狗，就是艾奥瓦来的那条瘦狗。"小狗"竟然赖上了对方，结果从此一条变两条。

虽然这是男人的主场，但我获悉还是有一些女人经常作为选手参赛，不过几乎没人能跑完一圈。现场看到的大多数女人都像我一样是某位选手的后援团成员。我的任务是整理车子后面朱利安的补给品。

朱利安需要一个指南针和大把大把的药片，有止痛的、提神的和用来补充电解质的，他需要用来抵御瞌睡的生姜嚼片，以及一套解决水泡问题的工具，基本上就是一根针和一些创口贴，他还需要一些绷带，以便在脚指甲脱落的时候把它们裹住。接下来要准备些电池，这尤其要留意。电池耗尽是无论如何都要避免的最坏情况，但这种情况确实发生过，利奇·利马谢在一棵巨大的七叶树下过夜的时候就用光了电池，这棵树也因此得名"利马谢的希尔顿酒店"。我们有一件秘密武器，那是一条贴满胶带的裤子，灵感来自老式的牛仔长裤，这些胶带能抵挡锯齿石楠，这让别的跑者十分嫉妒朱利安。

比赛开始前的那天下午，营地中心会按照传统点燃烤鸡用的篝火。今年的烧烤要下午 4 点才开始，由一个叫"乔伊医生"的在管。朱利安告诉我，乔伊已经在候选名单上好些年了，估计他这次是主动来做帮手的，好争取 2011 年的入选资格。我们到的时候，乔伊正好叉起第一批鸡腿。火上正煮着两罐豆子，就要烧开了，但烧烤秀的主角是鸡，烤到皮焦再蘸上辣椒酱吃。有人告诉我们，这里的鸡只烤到半解冻状态，只有鸡皮和皮下面一点点是熟的。

我问乔伊医生，他要如何在冰冻和烤熟之间找到一个微妙的平衡点。他看着我，好像我是个傻瓜。他说，所谓冻鸡肉的故事就是个谣传。我想这不会是我最后一次捕捉到由巴克利创造的神话。

在这个奇特的大聚餐中，闲聊往往无法保持正常。我和约翰·普莱斯聊了一会儿，这个大胡子老手告诉我他今年被踢出了正选，进了候选名单，但他还是驱车数百英里，就为了"参与这事儿"。他问我是从哪儿来的，我说是洛杉矶。他说他喜欢威尼斯海滩，我说我也是，然后他告诉我："明年秋天，我要从威尼斯海滩一直跑到弗吉尼亚海滩来庆祝退休。"

我已经知道不该去打断类似的宣言，而是要问些更具体的问题。我问他："那你晚上睡哪儿？"

"基本上是露营吧，"他说，"偶尔睡一下汽车旅馆。"

"背包里装着帐篷？"

"当然不是了，"他大笑道，"我会在腰上绑根绳子拖一辆小车走。"

我来到一张野餐桌前，那儿摆着名副其实的贪吃者自助餐，上面铺满了店里买来的烤蛋糕、装饰饼干和布朗尼蛋糕。这场大餐专门服务那些未来几天除了燃烧大量卡路里以外什么也不做的人。

我边上的高个子正大口啃着一只巨大的鸡腿，这是第三只了。鸡腿的热气袅袅上升，弥散在暮色之中。

"所以所谓的冻鸡肉其实就是个传说？"我问他。

"有一年是真的，还冻得真结实。"他说完停顿了一下，"兄弟！那一年比赛真够劲。"

这个家伙自我介绍说叫卡尔，他肩膀宽阔，面容英俊，比其他跑者稍微瘦一些。他告诉我，他在亚特兰大开了一间机械作坊。我猜这话的意思是，他用自己的机器来制造别的机器，或者制造一些不是机器的东西，比如自行车零件或苍蝇拍。他靠订做赚钱。说起工作，他叹了口气说："那些想要订做疯狂发明的人，都是些给不起钱的人。"

卡尔告诉我，他这次准备了很久。他在巴克利有辉煌的过去，是极少数能在官方规定时间里完成趣味跑的人之一，但去年的表现令人沮丧。他说："我差点连营地都没跑出去。"这句话的意思其实是说，他只跑了 35 英里（约 56 千米）。这非常令人失望：他都没跑完第二圈。卡尔告诉我，他那次特别疲劳，而且情绪低落。那次比赛前，他刚刚经历了一次非常难受的分手。

但卡尔还是回来了，看起来踌躇满志。我问他觉得谁最有可能跑完 100 英里。

"嗯，总有布莱克和 AT 这俩在。"

他是指今年参赛的两个"毕业生"（往届完赛者）：布莱克·沃德，2001 年完赛；安德鲁·汤普森，2009 年完赛。两次完成 100 英里将会创造历史，连续两次完赛简直是做梦。[①]

布莱克是从洛斯阿拉莫斯来的核工程师，在加州伯克利拿的博士学位，在巴克利则保持着惊人的纪录：六次参赛，六次都完成"趣味跑"，其中一次跑完全程，还有一次在几乎跑完时被山洪暴发打断。在个人生活中，布莱克只是个友善的中年老爹，留着花白胡子，喜欢谈论他女儿在争取奥运会马拉松赛的参赛资格，以及他今年会在比赛中穿的新小丑裤，他说这裤子会在比赛中激励自己。

AT，安德鲁·汤普森，一个来自新罕布什尔的年轻人，2004 年差点完赛，并因此出名。当时，他在跑进第五圈的时候还在强势领跑，但被迫退赛的时候已经丧失了意识，50 个小时不眠不休和身心紧绷让他受到了重创。那次光从鞋子中挤烂泥就用了他足足一个小时，可他完全把那次比赛抛到脑后。此后每年他都来参赛，直到

---

① 本文叙述的是 2010 年的比赛。

2009 年完赛。

乔纳森·巴沙姆也来了，他是 AT 多年的最佳后援，今年他自己也会作为一名跑者参赛。他是个很强的选手，不过我听人讲起他主要都是因为他和 AT 的关系，AT 管他叫"乔宝"（Jonboy）。

尽管卡尔自己没提，但我听别人说他和其他两个人一样，是强劲的种子选手。他其实是这群人里最强的选手之一，这样一位 DNF（未完赛者）老手肯定极端渴望胜利。

还有几位新手同样很强，比如查理·恩格尔，他是个早已成名的极限跑者（"搞定"过撒哈拉，这意味着跑步穿越了撒哈拉沙漠）。和很多极限跑者一样，他以前也是个瘾君子。他戒瘾近 20 年了，这一经历被人描述为从一种瘾换成了另一种——对肾上腺素的刺激上瘾，从一种极端走向了另外一种极端。

约翰·德怀特也许正是这些新手的反面。他是个戴黑色绒线帽的老头，已经 73 岁了，一脸皱纹，声音沙哑得就像个大烟枪，或者卡通里的灰熊。他告诉我，他 9 岁的孙子最近在 5 千米跑中赢了他。接下来，我还会听到他被形容成一只动物。他已经参加这个比赛 20 年了，没有完赛过，连趣味跑也没完成过。

我看到拉撒路在篝火的那侧。他烤着火，风衣让他显得非常威严。我想和他聊聊，但不太敢去介绍自己。看到他的时候，我情不自禁地想到了《黑暗的心》。和库尔茨一样，拉撒路是个秃头，浑身充满魔性，是这个小小帝国的领袖，把人类的痛苦作为商品到处贩卖。他就像库尔茨上校和我爷爷的综合体。这里是他创造出来给跑者膜拜的，像一部交响乐，荷尔蒙、睾酮喷薄而出，滋养着这片一望无际的贫瘠荒野。

拉撒路用疼小孩一般的温柔语气和"他的跑者们"交谈，他们就像是每年在他的光辉照耀下变得更加野性的调皮儿子。很多人年复一年地"为他"而跑，这是他们的说法。人人都会带来贡品，每个人要付 1.6 美元入场费，往届完赛者会给拉撒路带一包他最喜欢的烟

（带过滤嘴的骆驼烟），老手会给他带双新袜子，新手则会带来一张车牌。这些车牌会像晾衣服一样被挂在营地边上，构成一面咔咔作响的铁皮墙。朱利安带来一张利比里亚车牌，他是个发展经济学家，在那儿为一个小额贷款项目工作，扮演一个平凡角色而不是超级英雄。我问过朱利安，他是怎么在利比里亚多弄到一张车牌的。他告诉我是在街上跟人要的，那家伙开价 10 美元，朱利安还了他 5 美元，就把这玩意儿弄了回来。拉撒路一看到就把这张车牌挂在最显赫的位置——正中央。我看得出来，这让朱利安开心了好一阵子。

聚餐之后，跑者开始温习他们的指南，单倍行距，一共 5 页，上面说明了具体路线。尽管有些人已经参赛多年了，但选手们在比赛中很可能至少要迷失方向一次，几乎每个人都是，而且很多人一迷路就是个把钟头。我一开始对此有点费解：你不能就照着他们说的路线跑吗？看到指南后，我才明白是怎么回事。每年的指南里都有意外之喜，比如："海狸今年在炭池地区非常活跃，千万不要被它们留下的锋利树桩绊倒。"或者一些大实话："你要做的就是一直选最陡的路线翻山。"但这里面注明的各种地标，比如"断崖""岩石"，看着没什么用。除此之外，指南里面就是些关于夜跑的问题。

巴克利的官方计程规则读起来像寻宝游戏的说明：在赛程中的不同地点分别放置了总共 10 本书，跑者需要按自己的背号撕掉每本书的相应书页。拉撒路在书的选择上玩了一把：《最危险的游戏》《意外死亡》《死亡时间》，甚至还有《黑暗的心》——与我的浮想联翩不谋而合。

今年最大的话题还是拉撒路最新给比赛增加的一关：一条直接从旧监狱地下穿过的、0.25 英里（约 402 米）长的水泥隧道。选手要先往下爬 15 英尺（约 4.6 米）才能钻进去，然后攀一根细细的水泥柱子从里面爬出来，隧道里是齐腰深的水。传闻里面有负鼠一样大的老鼠，要是天气暖了些，那儿还有胳膊那么粗的蛇。和谁的胳膊一样粗？来这里参赛的家伙们可都有很粗的胳膊。

第七本赛道书就挂在旧监狱围墙外的两根柱子之间。"厄尔·雷差不多就是从那个位置翻墙逃跑的。"指南如是说，"谢谢你，詹姆斯。"

"谢谢你，詹姆斯。"因为你，才有了这一切。

比赛什么时候开始是由拉撒路一个人决定的。他指定一个日子，但接下来就只有两件事是确定的：比赛会在午夜到中午的某个时候开始（谢谢你，拉撒路）；他会在开跑前1小时吹响螺号。不过，一般而言，拉撒路喜欢在黎明前开赛。

朱利安冲出了起跑区，他穿了一件亮银色外套，戴了一顶浅灰色无边便帽，套着自己做的胶带裤，整个人看起来像个机器人。一连串相机闪光灯照耀下，他的身影消失在了第一个上坡处。

跑者们出发后，我和乔伊医生立刻开始烤华夫饼。拉撒路点了根烟在边上踱步，烟灰不断从他粗糙的手指间掉落。我们互相介绍了一下。他问我们有没有人注意到他其实没有真的在抽烟。"今年我不抽了，"他解释道，"腿不行了。"他刚做了动脉手术，血流依然不畅。尽管如此，他还是会在终点线放张草坪椅，就像过去每年一样，不眠不休，直到所有选手回来，无论是退赛还是完赛。除非你弃赛时正好在某条捷径的边上，不然，即使是退赛也要花5到6个钟头才能回到营地，要是晚上，特别是在你还迷了路的情况下，退赛就要花更长时间。这实际上意味着，连退赛都要比大多数马拉松还难。

我告诉他，这根烟即使只是做个样子也很有范。乔伊医生则说他如果只抽一两包，还是没事的。顺便说一句，乔伊医生真的是个医生。

"好吧，"拉撒路笑了，"我想我会把剩下这小半支抽掉的。"他抽完了这支烟，然后把烟头丢进了炉火，炉子上热着我们的早饭。我注意到拉撒路已经成了一个传说，而我很可能会成为又一个拉撒路传说的制造者。拉撒路的形象已经成了众多男性化隐喻的综合体：酷男、少年、父亲、魔鬼、守望者，像个会不断旋转重组的魔方，构成了关于巴克利的一切。

我意识到自己接下来会和拉撒路待很长一段时间。跑者们已经在赛场上了，最短 8 个小时，最长 32 个小时才能回来。如果他们还要继续往下跑，那么他们每完成一圈都会在营地停留一会儿，吃点东西，稍作休整。这既救了他们一次，其实也是另一种虐待。休整时间就像一个绿洲，对于沙漠旅人而言，既是一次喘息，也是一种诱惑。正如《奥德赛》中的食莲者困境①，人无法抛弃美好之物，重回苦难。

我想利用这段没有跑者在场的时间尽可能地去问拉撒路有关比赛的事。我是这样开头的："你是怎么选择开赛时间的？"他勉强笑了笑，没有回答。我抱歉地换了个问题："跟我说这个会不会毁掉其中的神秘感？"

他说道："有一次我在三点开赛，"好像这是一种回答，"很好玩。"

"去年你是在中午开赛的吧？我听说跑者都有些待不住了。"

"当然了，"他摇了摇头，笑着，好像回忆起了什么，"大伙只是站在那儿，个个等得不耐烦。"

"看他们心焦好玩吗？"我问。

"其实有点吓人，"他说，"就好像一帮土匪眼看就要爆发了。"

他接下来谈到了比赛路线中的几段，大卫险坡、野狗瀑布、娘炮岭，说起来的时候就好像我和他一样对这些地名已经烂熟于心。我问他，取"老鼠下巴"这个名字是因为那里的荆棘丛长得像一片片小老鼠的牙齿吗？他说不是的，其实是以地图上的地貌、形状取的名字，他觉得那儿很像老鼠的颌骨。我暗自思忖：一定有不少东西都让你觉得像老鼠的颌骨吧。荆棘造成的伤痕就很像被老鼠咬过。拉撒路曾对人说，被猫抓都比这伤得厉害。

---

① 食莲者出自荷马史诗《奥德赛》。奥德赛在北非的利比亚海岸遇见了吃忘忧果实的部落，他的三名部属试吃后果然耽于安逸，忘了故乡，忘了亲情，奥德赛只好把他们拖回船上，绑在划桨手的座位上，然后开船远离了忘忧乡。

我问起了冰毒作坊岭，很好奇到底是什么地貌能取出这个名字。

"很简单，"他说，"我们第一次跑到那儿的时候，看到了一个冰毒作坊。"

"现在还有？"

"是啊，"他大笑了起来，"这些丛货可能觉得谁也找不到他们，我打赌他们一定是这么想的：谁他妈会往那儿跑啊？"

我开始理解拉撒路为什么直接公开了今年他开辟的新线路。"坏东西"的可怕难度，以及监狱隧道的奇思妙想，这些都标志了他统治着这片荒野的力量。

拉撒路年复一年地忍受着和公园管理者之间的各种小冲突。有个叫吉姆·法凯的人差一点儿就停掉了比赛，理由是比赛会加剧公园的土壤侵蚀，而且威胁到园内的濒危植物。拉撒路重新规划了比赛线路，绕过了保护区域，然后将那段新开路线命名为"法凯的蠢事"。

我能感受到拉撒路对西部狂野时代的怀旧之情。在那个时代，冻头峰上出没着无数法外之徒的鬼影，到处都是藏匿于此的吸毒者和他们的囤货。现在一切都不一样了，变得规矩了。就在去年，州里的骑警在比赛前一周把老鼠下巴坡上的荆棘丛给铲掉了，这让拉撒路很不爽。所以今年，他让骑警保证一定要等到 4 月才做这个事儿。

看起来，拉撒路最大的愿望是设计出一场无法完成的赛跑，他想用无穷无尽的新奇景象和未知感不断构筑起一场无法战胜的挑战，让那片不死之域一直存在下去。第一年的比赛连一个接近完赛的人都没有。拉撒路写了篇文章，大标题是"是赛道赢了巴克利马拉松"。不难想象，拉撒路，这个斜躺在草坪椅上的男人已经把比赛当成了自己的化身。即使到了他已站不起来的时候，他的比赛依然强到可以打败所有人，获得胜利。

身体还没那么糟的时候，拉撒路本人也作为跑者参过赛，但从未完赛。相比之下，他作为一个有原则的人获得了尊重：一个对痛苦始终执着的人，召集人们一起去追寻这样的痛苦。

整个公园只有两条供一般人走的小径可以连接到赛道上，这两处连接点一个是位于南马可赛段终点处的远望塔，另一个叫作烟囱顶。拉撒路不鼓励观赛者在比赛中途给跑者加油。"即使只是看到其他人类的存在，也是对跑者的一种帮助，"他解释道，"我们希望他们能彻底感受到自己的孤独。"

正说着，有个叫凯西的女人建议去爬烟囱顶。她看上去是个普通的家庭主妇，其实却是一个女老手，一个"完圈者"。

"1 月份的时候我在那儿摔断了胳膊，"她说，"但那儿很棒。"

"听起来不错。"我说。

"那地方的涧上是不是有条旧独木桥？"拉撒路若有所思地问道，好像想起了个老朋友。

她摇了摇头。

他继续问道："你摔断手的时候'野狗'在吧？"

"对咯。"

"'野狗'笑了吗？"

有个男人过来插话，就是那个"野狗"，凯西的丈夫。"她的胳膊都摔成 S 形了，我可笑不出来。"

拉撒路想了想，然后问凯西："疼吗？"

"我以为我憋住了，"她大笑起来，"但听人说，下山的时候我一路都在骂骂咧咧。"

我看着拉撒路在无情的大师与居家老爹之间自如地转换身份。"入夜后将会是一场大屠杀。"他刚对乔伊医生说完这句话，就弯下腰逗他的海盗小狗，"饿了吗，小狗？"他对狗说，"大家都很爱你，可是爱不能当饭吃啊。"他只要在营地碰见我，就会问我："你觉得朱利安在'外面'玩得开心吗？"一次又一次之后，我回了他一句："我他妈才不希望他这么着还会觉得开心呢！"他笑了，是的，这姑娘终于搞清楚这里头是怎么回事了。

但我总是情不自禁地这么想，拉撒路在问我这些问题的时候，其实已经在消解那种他一直以来乐于制造的孤独感，而这种孤独感正是每一个跑者在此追寻的东西。其实当你在"外面"一个人跑着，而营地里有另一个人此时正想象着你的孤独，这其实也是另一种交流的方式。这也是这场折磨的意义所在，至少是部分意义所在吧。赛道的困难让孤独成了可分享之物，这样的终极孤独过去有人经历过，将来还会有人经历，现在正有人在经历着，即使这些狂野之人本身会被驯服、老去、被残酷的生活吞噬，或者以某种方式消失。

朱利安跑完第一圈回来的时候，天差不多已经黑了，他在外面跑了 12 个小时了。在某种意义上，我觉得我在和拉撒路共享这胜利的一刻，尽管我知道拉撒路不会偏向谁：他心里惦记着每一个参加挑战的人，以及每一个傻到在丛林里待好几天，只为看着别人到达黄色大门的人。

朱利安心情很好，交上了途中拿到的计程书页。他一共拿到了 10 张第 61 页，其中一张来自《乐观思考的力量》，是赛程前期拿到的；一张来自一本青少年酒精成瘾症者的作品集，叫作《未来伟大的我》，是将近终点时拿到的。我注意到他裤子上的胶带被撕掉了。"你自己撕掉的？"我问他。

"不，"他说，"赛道扯掉的。"

在营地里，朱利安拼命地往嘴里塞鹰嘴豆泥三明治和女童子军经常卖的那种饼干，几乎一口奶油核桃蛋白饮料都没能喝下去。他在赌下一圈。"我应该没法完赛了，"他说，"我大概率只能在外面再跑几个小时，然后退赛，摸黑找路回来。"

朱利安停了一下，我拿了块他面前的饼干。

他说："我想我还行。"

趁我还没下手，他拿走了最后一块饼干。他取了另一个号码，这是第二圈他要拿的书页号。拉撒路和我一起看着他跑进了树林。他的防雨夹克在黑夜里闪着银光：我的机器人哥哥出发去完成另一圈了。

朱利安至今已经完成了五次 100 英里跑，还有不计其数的"短程赛"。有一次，我问他为什么要做这件事，他的解释是这样的：他想要完成一个完全独立的自我认知体系，它不建立在任何外部反馈之上。朱利安想要在无人知晓的情况下跑完 100 英里，那么他的动机就跟被他人所赞叹的欲望或者退出的羞耻都不相关。也许正是这样的想法让他 25 岁就拿到了博士学位。难说。巴克利虽然没有彻底满足这种对于独立性的要求，但已经非常接近了：当午夜降临，天降大雨，当你在你所爬过的最陡峭的山道上，当你在荆棘丛里流血，当你独自一人，一个又一个小时地独自前行，只有你自己看着自己做出选择——退出，还是跑下去。

凌晨 4 点，篝火还在烧。营地里几个领先的跑者已经开始为跑第三圈做准备了，有人正在大口地灌咖啡，有人在帐篷里小憩个 15 分钟。"彻底的孤独感"好像在强烈地催促人回到营地，来感受这短暂的相伴，当然还有饥饿感。就像上一圈朱利安回到营地补给时那样，我也感到饥饿，尽管我什么都没干。一个人的痛苦会让另一个感知他的人同样痛苦，同理心就像身体之间的回响，强制我们趋同。

"想想看，"拉撒路和我说，"朱利安就在**外面**什么地方。"
"外面"，这个词在营地里出现得如此频繁，太频繁了。实际上有个老跑者写了本自费出版的书就叫《"外面"的故事：巴克利马拉松赛》。那是一个叫"冰冻艾德"的干瘦老头，跑步时穿着夕阳红色的迷彩紧身衣。这本书收录了每年众多未完赛者的故事，还附了一份精心制作的附录，收录了其他号称高难度的赛事，然后说明为什么相比之下，它们的难度都不算回事儿。
"我为朱利安骄傲，"我告诉拉撒路，"外面又黑又冷，他几乎连蛋白饮料都咽不下去了，但就这么昂着头说，出发。"

拉撒路笑了："你觉得现在的他会怎么看这个决定？"

开始下雨了，我窝进了汽车后座，为这篇文章做了些笔记，而后打开电脑看一部叫作《真实世界：拉斯维加斯》的电视剧，就在史蒂文和翠西准备在一起的时候，我把它关了。我得为明天积蓄能量，而且不想看到史蒂文和翠西在一起，我更想让翠西和弗兰克在一起。我试着睡觉，梦见了监狱下的那条隧道，里面发大水了，而我刚刚收到一张超速罚单。这两件事之间有某种重要的联系？我还没想出来。每次凄厉的喇叭声传来时，我都会被吵醒，这声音就像野兽在午夜长嚎。

早上 8 点，朱利安回到了营地。他这一趟也用了 12 个小时，但只拿到了两本书的书页。其中有几个小时他迷路了，还在雨中躺了几个小时等着天亮。他为自己的坚持骄傲，尽管他此前认为自己撑不到现在。我也为他骄傲。

我们和其他人一起进了帐篷躲雨。查理·恩格尔正在说是什么让他在第三圈时放弃。"我下老鼠下巴坡的时候，屁股都摔扁了，"他说，"起来又摔倒，又起又摔，反反复复。"

这个故事有着《圣经》一般的叙事逻辑：第三次才是诡计真正开始的时候，这一次会终结一切，摔断你的脊梁，拿下你。

拉撒路问查理喜不喜欢监狱那段路。拉撒路问了每个人同样的问题，就像你问每个人怎么看你的小孩写的诗：你喜欢吗？

查理说他喜欢，很喜欢。他说监狱看守非常友好地给他指路。"那些家伙都是善良的南方仔。"我敢说查理认为自己也是个善良的南方仔。"他们告诉我们，只要从这些 holler^① 爬上去就行了……那些和我

---

① holler，田纳西方言发音中的 hollow，指低洼处。

在一起的加州仔转过来问，他妈的 holler 是什么玩意儿？"

"你得告诉他们，"拉撒路说，"在田纳西，holler 指的是你想出而出不去的地方。"

"我就是这么说的！"查理对我们说，"我这么说：当你赤脚站在一个红蚁丘上面的时候，蚁丘就是个 holler。我们爬的这道岭，也是个 holler。"

雨一直下个不停。拉撒路认为今年没人能跑完 100 英里。第一圈的时候还有几个领跑的，但现在看来谁都不够强，现在人人都在观望，看谁能至少完成趣味跑。现在只有六个跑者准备试一试。人人都同意，如果有人能做到，那肯定是布莱克，连拉撒路都没见过他放弃。

朱利安和我一起蘸着烧烤酱分吃一只鸡腿，烤炉上就只剩下两只鸡腿了，火奇迹般的还没熄。鸡肉很好吃，还是熟的，热热地吃在嘴里能抵挡四周冰冷的空气。

有个叫赞恩的家伙，朱利安和他一起跑完了第一圈。他说自己晚上在赛道上看到了几只野猪。害怕吗？很怕。有一只接近到了差一点就把他拱下山道，而他手里只有一根木棍能抵挡一下。一根棍子有什么用吗？我们都觉得大概没什么用。

有个穿着一体式冲锋衣的女人已经收拾好了一塑料袋的衣服。拉撒路解释说，她的丈夫就是六位坚持出发的跑者之一，她准备去远望塔和他碰头。如果到时丈夫决定退赛，这个女人就能给他几件干衣服换上，然后沿着一条 3 英里（约 4.8 千米）长的捷径把他送回营地。如果丈夫还要继续跑下去，这个女人会在他攀爬下一个陡坡前祝他好运。丈夫将继续浸泡在雨水和自豪中，不会有干衣服穿，因为途中接受这类补给会让他失去比赛资格。

"我希望他在做决定之前就能看到那些干衣服，"拉撒路说，"这样做选择就更容易了。"

人群突然骚动起来，有跑者从后山过来了。有人从这个方向过来意味着坏消息——这位选手在第三圈中途放弃了。大家猜这个人是乔宝或卡尔，肯定是他们中的一个，因为已经没多少人在跑了。但过了一会儿，拉撒路叹了口气。

"是布莱克，"他说，"我认出他的远足手杖了。"

布莱克浑身湿透，瑟瑟发抖地回来了。"我快得低温症了，"他说，"我没能搞定。"他说这个天气爬老鼠下巴坡就像穿着溜冰鞋爬一座滑梯，但除此以外他并不愿为退出找借口。他说自己和乔宝结伴跑了一段，但乔宝还在老鼠下巴坡。"对乔宝来说，这是个坏消息，"拉撒路摇着头说，"他没准也快回来了。"

拉撒路已经拿起了喇叭。他好像不忍心宣布布莱克退赛，看得出，这让他很失望，但他说："在这里，你永远不知道会发生什么。"声音里还是透出一丝愉悦。在掌控比赛和承受必然会发生的意外之间存在着一种令人颤抖的张力，这种张力带来的愉悦几乎就等同于极限跑本身，掌控自己的力量与放任自流共存。你会尽量去控制身体，让它跑起来，但最终只能把它交付给不可控力，让运气、忍耐和环境条件来决定一切。

乔伊医生要我注意炉火。"别让它熄了。"他一边说，一边朝我晃一块巨大的铝合金板。他正小心地拿着些枯枝，在炉火上搭起一个小帐篷，剩下的最后一块鸡胸肉正架在火上烤着，刚刚开始起了些焦色。"这是布莱克的鸡肉，"他说，"如果有必要，我都肯拿自己的身子护住它。"

为什么要来这个地方表现出英雄主义，用身体和生命豪赌呢？我始终想不通，为什么大家无论如何都要来参赛。但无论什么时候直接向跑者提出这个问题，他们的回答都带着讽刺：我是个受虐狂，我需要有地方发个疯；生来是个 A 型人格①的人，等等。我开始意识到这

① 美国学者 M.H.弗里德曼等人研究心脏病时，把人的性格分为两类：A 型和 B 型。A 型人格者较具进取心、侵略性、自信心、成就感，并且容易紧张。A 型人格者总愿意从事高强度的竞争活动，不断驱动自己要在最短的时间里干最多的事，并对阻碍自己努力的其他人或其他事进行攻击。

样的玩笑话并不是在逃避我的问题，而是从本质上回答了它。没人认真回答这个问题，因为他们已经用行为严肃地回应了这样的疑问，用他们的身体、意志力，还有伤痛。身体已经用热忱、损耗和妥协回应了这样的疑问，此时如果诉诸语言，他们只能去轻描淡写。也许这正是那么多超级跑者以前都是瘾君子的原因，他们想重塑自己曾经被残害的身体，重新掌控那个被自己放纵的身体。

我们可以用一种优雅但是无力的对话体来描述这种发自内心的誓言：为什么我要做这件事？因为其伤至深，而我不改其志。努力是艰辛至极的，但这种艰辛说明努力是值得的，意义深蕴其中而无法明言。拉撒路说："没人会问这些人为什么还要跑出去，他们都知道。"

要标记可能的目的并不难，比如征服身体、痛苦下的团结，但感觉上更像是，意义寓于层层努力的同心圆中，其中心是空的。这是一种承诺，一种无法被固化或者标签化的强烈冲动。不懈地发问"为什么"就是这个圆心：对一个无法回答的问题的无限求索，概念上对应的就是一场充满不可能的竞赛。

但是，比赛结局如何？

乔宝，领跑集团里比较年轻的一个孩子，卫冕者的最佳后援，竟然赢到了最后。这让本文第五段成了谎话——现在这项比赛有九位完赛者了。我是从朱利安发来的短信中知道的，他则是从推特上看到的，那时我们各自在开车回家的路上。我没把乔宝纳入写作计划，不觉得他会成为文章里的主要角色，在营地里那么多人中间，乔宝显得不那么起眼，看着也不强。现在，我知道要把他也纳入这个故事了。

这就是巴克利的特别之处，对吧？它吞掉了你想象出来的故事，给了你另一个。布莱克和卡尔，第二圈后最强的两个人，两个我最感兴趣的角色，他们连趣味跑也没完成。

现在大家都回家了。卡尔会回到他在亚特兰大的机械作坊。布莱克会继续帮他女儿训练。约翰·普莱斯会继续他的退休生活，拉他的人力小车。我知道拉撒路也会回到喀斯喀特，继续在高中男子篮球队里当他的助理教练，你从高速公路的沃特雷斯出口下去就能找到他。

在我看来，对于为什么参赛这个问题，我得到的最独特或者说最直接的回答，与一个突然崩溃的故事有关。AT 曾经用一段令人惊骇的话描述了 2004 年第五圈时的"意志危机"。

关于"意志危机"，他是这么说的："无论身心，我都完全崩溃了。"以当时境况而言，这种情形并不令人意外，他也不是唯一一个有过这种经历的人。布拉特·马努说过，在约翰·缪尔三日赛的最后，他出现了幻觉，看到了一群帮助他的印第安人：

> 他们在我睡着的时候照顾我，每次醒来，我都会和他们简单聊几句。他们特别体贴，甚至在我要回去参赛的时候帮我整理东西。我希望赛事委员会不会把这判定为援助。

AT 也描述了自己的精神恍惚状态，不知道自己是怎么到达那个地方的，也不知道自己要干什么。"好几分钟，我不记得什么巴克利了，只有个念头挥之不去 —— 我必须到戈登角去。可……为什么？那儿有什么？"

他忘记了一切，却抓住了几个最突出的词：念头，却没有动机；痛苦，却没有因由。AT 说这段话的时候穿插了很多闪回：

> 我在水坑里整整站了一个小时，水深到小腿 —— 烂泥从我的鞋子里挤进挤出……我走到棺材泉（第一处瀑布），我坐在那儿，一壶一壶地把淡水倒进鞋子里……我跑去检查粉刷过的用来标明公园边界的树，有时候一直走进了树林里，就是想看看那些树上的灰粉。

这样看来，巴克利真的做到了，它强迫跑者获得了也许以其他方式无法获知甚至根本注意不到的新体验。被逼出理性的边界时，他们四肢疼痛，如牵线木偶般拖着身体继续向前，疲惫不堪。意识陷入麻木的同时，痛苦也最终从精神世界脱落。

在 AT 这段话的末尾，巴克利的另一面展现出来，这是对跑者最残忍的一面，邪恶而神圣的"自给自足"由此转化为令人费解的奇迹：

> 冷了，我有一件长袖衬衫。饿了，我有吃的。天黑了，我有灯。我那时候想：哇哦，这太奇怪了，我怎么要什么就有什么？

任何善行在此都成了出乎意料之事，任何恩惠都超出了自我的期待，虽然这样的感觉本身就来源于自我。这个自我几小时前还在收拾腰包，此时已经被刻骨的幻觉遮蔽。一天早上，一个男人吹响了螺号，两天后，另一个男人依然在回应这声号角，此时他发现自己需要的全在自己身上，他没有料到，也无法解释。

为糖精 ① 辩护

人类的语言就像一个烂摊子，我们总是渴望演奏出如群星之泪的美妙音乐，但费尽全力吹出的调子却只配给跳舞的狗熊伴奏。

——古斯塔夫·福楼拜《包法利夫人》

在所有我们害怕面对的词汇中，"煽情"（Saccharine）是最甜蜜的一个，因为我们害怕多愁善感，害怕被自己的感触淹没。当听到"糖精"（Saccharin）这个词的时候，我们想到的是"癌症"，想到的是体内的无数细胞正在凝结。当我们听到"煽情"这个词的时候，想到的往往是一系列令人蒙羞的表达方式——反复使用一些廉价、轻佻，甚至令人作呕的语言。总而言之，言而总之：甜味过盛到了让人恶心的程度。

举一个例子说说我自己对待糖精的做法吧。我的厨房里有个垃圾

---

① 原作标题中，"糖精"一词以 Saccharin(e) 表达，同时包含了 Saccharin（糖精）和 Saccharine（故作多情、煽情）两个词，是与本文内容相关的双关用法。

桶，装满了甜味剂的空袋子。这个垃圾桶小小的，但也没有特别小，我把它放到炉灶边上，免得来我家的客人看到。

如果"多愁善感"（sentimentality）这个词是人们在贬低感性时所能想到的最大而化之的一个词，那么"煽情"就是人们在具体地贬低"多愁善感"时最常用的一个词了。这个词可追溯到梵文"sarkara"，意为"砂砾"或"小石头"。直到19世纪，这个词才开始有了"像糖一样甜蜜"这个意思，而且这里的"甜蜜"与"过度""放纵"联系了起来。一开始，这只是一个中性词，但逐渐，它就成了危险的代名词。科学家给实验室里的白鼠喂大剂量的糖精，然后白鼠们的膀胱就开始长肿瘤了。

大学二年级物理期末考试前一夜，我的室友给我拍了一张照片：我躺在床上，她把一大堆空的瓶瓶罐罐摆在我身上，这些罐子说明我那一天喝掉了多少无糖可乐。照片里的我，除了脸和手之外，其他部位都被埋在了这些东西之下。

糖精是什么：其实糖精只不过是一些粉末，如此轻细，每次我撕开一包，都会有一些飘到桌面上。碎石，或砂砾——碾成粉末之物。

小时候，我住的房子里有一扇整面墙那么大的落地窗。那些漫长的夏日，我会坐在自己的小凳子上，看着一只只蓝鸦飞向玻璃窗，撞昏，像石头一样坠向下方的红木地板。大多数蓝鸦只是不停地碰撞，不停地摔下来，偶尔会有一只成功地冲进屋子，但看上去更惨，因为它会被困在屋子里，需要再努力想办法逃出去。我问妈妈，这些鸟是不是错把我们家的窗子当作天空了。她牵起我的手，带我看一片刚刚长过门廊高的灌木丛，告诉我说，这些鸟之所以这么做，是因为吃了灌木丛里那些橘黄色莓子。它们像一堆铁锈，看上去就很甜。她说这些鸟对这种莓子上了瘾，吃醉了，所以才不停地撞上来。

那时候的我还不知道，其实是这些莓子里面的糖发酵成了酒精，

119

让鸟儿们沉醉，但我已经知道了甜是一种什么感觉，它已然象征着一种令人羞耻的瘾。我那时还小，但这些鸟还是让我知道了另一些事：玻璃上映出的天空比它们想象的要平得多也硬得多，透过这片天空，这些鸟看到了一个它们无法触及的世界。

8岁的时候，父母在某次晚宴上给了我一杯葡萄酒。那种酒一瓶就值200美元，当然我并不知道。拿到酒之后，我找机会溜进厨房，倒了一大勺糖进去，这样它能好喝一点儿。那一刻，我感到了莫名的羞耻，但是我不知道怎么为自己辩解，也不知道为什么一定要辩解。

《包法利夫人》里的仆人费莉西总是因为打扰到女主人的沉思而被赶开，然后她就会找一些甜的东西来安慰自己。福楼拜写道："既然夫人老是把钥匙留在橱柜里，费莉西就开始每天晚上去弄一点点砂糖，等自己做完祷告以后，一个人躺在床上吃掉。"

为什么费莉西在祷告之后还需要吃糖呢？因为糖给肉体带来的那一点短暂的欢愉，会让肉体暂时觉得精神上的忍耐是值得的。想想看，两个生活在同一间屋子里的悲伤女人，都对那一点点偷来的异样欢愉充满了渴望。无论是书、性，还是一点糖，都是一个甜蜜的秘密，都会让她们因为承认自己的饥渴而备感羞耻。

我知道只要有机会，我也会到艾玛的橱柜里偷一些东西。我同样需要在旁人的目光之外放纵一下自己。多少年来，我喝拿铁时总是要弯腰挡着杯子，这样就没人看得到我到底搅了多少包阿斯巴甜进去。

16岁的时候，我恨《包法利夫人》这本书，也恨书里的女主角。我觉得这本书太过煽情，无论是小说本身还是女主角，对激情的表达都太过袒露。不过我现在很爱《包法利夫人》，爱的是书本身而不是女主角。我乐于分析书中那些痴妄欲求，这让我十分开心，尽管对沉湎于此的女主人公感到难以宽恕。因为那也是我渴求的，我同样沉溺在那些跌宕起伏的情绪变化之中，看着一切变得过度。阅读时，我把艾玛的情感世界从这个人物身上剥离，收归己用，就像她从那些爱情小说中汲取情感，并投射到自己身上一样。是同样的饥渴让我们投身于祷告，让我们沉溺于糖分、甜味剂或者文字。如一口甜食，随之而来的总是令人猝不及防的快感，身体突然间就会陷入感性的旋涡，这样的感觉是如此异样而诱人。

　　多愁善感这项罪名经常被用在过度渴求情感的人身上。奥斯卡·王尔德点出了这种沉溺的实质："一个多愁善感者只是想在情感上来一场不需要买单的奢侈享受。"人造甜味剂就是这样一种享受，它尝起来比蔗糖还甜，食用者却不用付出代价。这种东西给你提供吃糖时才能享受的一切，自身却没有一点儿糖该有的成分，这既是一个奇迹，又充满了荒谬感。

　　我这么说，并不是认为甜味剂可与多愁善感等同，甚至也不是说前者是后者的一个象征，而是指出这两个来自不同领域的概念会带给人相似的恐惧。这两个概念都与同一种感觉有关——甜蜜，尽管一个是感情上的，而另一个则是味觉上的。它们都让人感觉肤浅、浮夸、粗陋，最终归于虚幻。对于这种感觉，最直接感受到它并反抗的是我们的肠胃：首先寻找一个词来形容这种过剩感，命名它、控诉它，最后祛除它，祛除那些无法吸收的甜腻和无以名状的过剩感。对这种无以名状但又欲罢不能的渴求感到羞耻，这是我们的本能。爱比克泰德① 说："你只是待在一具身体里的渺小灵魂。"身体就是这样怪异的东西，包裹于其中的灵魂总会变得日益疲倦，但多愁善感却能够迅速给予我们一种确定无疑的感受：甘甜一定会突如其来、如约而至。在这种情况下，肉体本身相对于感情反而显得如此累赘。尽管令人尴尬，但事实如此：我们的欲望就是一种矛盾的集合体，以至于高级但缥缈的自我意识只能对此避而不谈。因此，那些煽情桥段对我们

―――――――――――――

① 爱比克泰德，古罗马最著名的斯多葛学派哲学家之一。

来说是一种可以放肆享受的慰藉，就像藏在壁橱里的小蛋糕。

我们有一系列贬义词去形容这些与欲望相关的对象：糖精、糖浆、煽情。只有对这些过甚的感受视而不见，我们才能变得优雅而敏锐起来，因为我们不需要那么低劣的感受，不需要变成一具行尸走肉。我们说，我们会活得更加优雅，活得更加简单。

詹姆斯·伍德 [①] 写过一篇叫作《糖果潮》的评论文章，详细描述了一位小说家陷于煽情桥段之中的情景："当冥思苦想、试图抓住一个好点子时，她就会一次又一次地往一杯已经足够甜腻的饮料里加糖，欲罢不能。"艾克索·罗斯在歌曲《煽情电影》里唱道："我窥见了你的痛苦。"他看着自己的爱人在寻觅解脱的路上不断崩溃，"就这样潜入你的血管"。这是"枪炮玫瑰" [②] 的一首歌，因为这支乐队，我们有幸欣赏到斯拉斯在空旷舞台上那狂野的吉他独奏。说到煽情者，他们的看法也只有鄙夷，认为那不过是在"窥视"一种到头来终归空虚的感觉而已，"这不是一场煽情电影，那里梦想终成灰烬"。煽情总是会把一种情感无限放大，诉诸虚妄梦境，最终无法承载自身，变成灰烬、沙土，变得一无是处。

在《多愁善感错在何处》这篇文章里，哲学家马克·杰弗逊 [③] 将多愁善感描述为"一种通过对外部世界的扭曲理解来达成的情感沉溺"，此外，他还说明了多愁善感对世界的误读方式（简单化）和潜在结果，"直接破坏了对于对象本应抱以的道德认知"。因此，多愁善感中存在着这样一种危险性：误导人的情感，以此为社会上的罪恶开脱，容忍其存在。杰弗逊对此感到忧虑，因为煽情文化导致的"并不仅仅是个人的堕落"。在他的笔下，多愁善感者变成了"宿主"，

---

① 詹姆斯·伍德，美国文学批评家、散文家、小说家。

② 枪炮玫瑰（Guns N' Roses），1985 年成立于好莱坞的美国著名硬摇滚乐队，鼎盛期为 20 世纪 80 年代后期至 90 年代中期，艾克索·罗斯为该乐队主唱，斯拉斯为该乐队吉他手。

③ 马克·杰弗逊，美国哲学家。

身上寄生着自己的情感旋涡，"我们不知道……为什么是这些情感更容易让人不能自拔，而不是那些"。他把多愁善感描述成一条盘踞在我们肠胃里的寄生虫，时刻等着我们找到一些耸人听闻的情节去喂饱它。我经常梦见寄生虫，那些异物在我的皮肤下产卵孵化，所以我能想象杰弗逊是如何一点点剖析它们，并弃如敝屣的：你看，我又找到一个有关多愁善感的坏例子。

哲学家麦克·特纳[1]也用传染病来形容多愁善感，称其为"感受上的疾病"，似乎这种疾病和我们体内肿瘤一类的顽疾或者实验室里白鼠的膀胱癌是一回事。苏珊·桑塔格则把情绪化比作身体内部的某种机制："你无法想象这种情感体验有多么令人疲惫，就像你身体里有一个由成倍增长的离愁别绪构成的器官，它不断吸收眼泪，又将其释放出来，不断吸收，不断释放。"

1979 年，约翰·厄文[2]在一个名为"为煽情辩护"的专栏中详细分析狄更斯的《圣诞颂歌》时认为，在认识这部作品时有一个因素非常重要，他称之为"圣诞危机"，这种所谓的"危机"就是试图认真地去表达令人产生悲悯共鸣的情感，而不是用智慧和理性去抑制它。

在这个专栏的另一篇文章里，哲学家罗伯特·所罗门[3]回应了杰弗逊和特纳等思想家的观点，并将对多愁善感的各种评论做了区分，通常，人们会将其混为一谈，实际上它们各不相同。煽情相关的问题究竟是道德意义上的，还是美学意义上的呢？[4]

所罗门首先转述了特纳的论断 —— "情绪化的人会用情绪替换

---

① 麦克·特纳，美国哲学家，供职于剑桥大学。

② 约翰·厄文，美国小说家，编剧，曾获奥斯卡最佳改编剧本奖。

③ 罗伯特·所罗门，美国哲学家，供职于得克萨斯大学。

④ 心理学上的情绪化范畴与美学上的感伤或煽情范畴在英文中均为 sentimentality。

掉自己的责任"，接下来，他引用了纳粹军官鲁道夫·赫斯[1]的例子：此人为一群集中营囚犯所上演的歌剧而流泪。这个例子不是一种讽刺，相反，其中有着真实可信的因果逻辑。赫斯的情绪化行为是他逃避情绪压力的一种方式，这种压力已经成了此人的一个心结。

道德批判者攻击多愁善感，主要是因为它会导致情绪过激，这最终将导致我们偏离范畴明确、逻辑合理的道德准则。而那些在美学方面批判煽情风格作品的人则大不相同，他们的着眼点是，煽情会误导我们的情感体验，使我们对作品中那些浮夸而浅薄的内容投入过多情感。华莱士·史蒂文斯[2]称多愁善感为"情感的失败"，但这是个模棱两可的说法：到底是我们错误地理解了自己的情感，还是说这些情感本身就是我们失败的理由？

这种模棱两可似乎又绕回到了所罗门所做的区分。这种说法是指我们的情感实际上并不充分，过度依赖这种感受方式（道德选择上的）、无度沉湎于这种感受方式所带来的强烈影响（美学价值上的）会让我们失败？还是说，我们的语言在表达情感时实际上是言不达意的，因此多愁善感就会迫使语言本身趋向于做作，趋向于使用更加廉价的表达方式？难道在面对艺术作品时，体验情感的方式还有对错之分？难道用一种过分简单化的方式去回应艺术作品会导致伦理上的问题，而如果采用更为细致入微的回应方式（更多地用文本之外更贴近世界的标准），在伦理上就是有益的？

如果人们每次使用"煽情"这个词都像在点击一个表达贬义的快捷方式，但每次实际指向的意义却各不相同，那么厘清这个概念本身就显得非常重要了。什么程度的情感体验才应该被认为是"多愁善感"？情感感受应该含蓄到什么程度才算是合宜的？我们应该如何区

---

① 鲁道夫·赫斯，纳粹政治人物，纳粹党元老、副元首，曾参与编撰《我的奋斗》。1941年投英，战后一直服刑，1987年去世。

② 华莱士·史蒂文斯，美国现代派诗人，1955年普利策奖得主。

分真实的痛苦和做作的煽情？我觉得，总有太多人认为自己就是知道。好吧，至少我不知道。

史蒂文斯在诗作《为橘子水驻足的革命者》中描述了一队游击战士，时值正午，他们站姿笔挺，全副武装。队长告诉他们大太阳下不要唱歌，但他们依然在脑子里唱，唱"一首蛇之歌，脖颈穿过一千片树叶，舌头舔舐着那一枚果实"。这首诗用一系列碎片化的语汇构建出精致的美学效果，在诗作中那些复杂的历史内容中间，一种简单而甜蜜的味道涌出笔端。一条蛇带来了甜蜜的味道，我们知道这个意象是最古老的堕落象征，和那枚最初的甜蜜果实联系在一起，但同时，这个意象表达的也是一种简单无比的欢愉。跟在橘子水之后的是一场起义，而一首不成调的歌之后，发生了一场完美的战斗。诗作中的人们品尝到了甜蜜，如果这橘子味的甜蜜是虚假的，那会如何？如果舌尖品尝到的是假果，那会如何？如果这首歌里的内容都是虚假的，那又会如何？至少这首诗在为"做作"进行辩解："音乐本来就没有主旨，如果有，那就不是音乐。"

讲一段回忆吧。我在离波卢本街四条街远的一个酒吧里喝着占边酒①。我痛饮这种威士忌，因为想变成另一个自己。这种想法与一位诗人有关，我最近爱上了他，他喜欢痛饮这种酒，至醉方休。吉姆的名字跟这种酒的名字相同，我们总是用这个开玩笑，说这象征了他的命运。不开玩笑的时候，吉姆会没完没了地跟我聊他剧本里的角色，聊滚滚而去的人类历史，他想用诗歌来追溯那些过去。吉姆有时候也会聊到自己的生活，他觉得活在真实世界之中和活在炼狱里没什么不同。吉姆对我说他以前认识一个连环杀手。

"当然了，"他说，"我和这个人还没熟到一开始就知道他是连环杀手的地步。"

---

① 占边酒（Jim Bean），威士忌品牌，其酒品由美国玉米酿制。

说这个故事之前，你需要先稍微了解一下我们俩的关系。他很阴暗，而我那时十分阳光。我很无知，而他非常老练（曾经是布莱克马拉松赛上的话题人物）。我写小说，他写诗。我生活在他所谓的"真实世界"里，而他不在，真的不在。我对他虚报了年龄，其实我还小，他也没那么老，不过，遇见我的时候，他刚和一个得了宫颈癌的女人分手，他对那场疾病无能为力，这让他老了很多。这个女人似乎有超乎常人的灵力，至少他是这么声称的。这个女人让他感受到此前从未体验过的"完整情感"。这个女人曾经在怀俄明郊区的一家甜甜圈店外面遇到了詹姆斯·梅利尔[1]的鬼魂。这个女人拥有太多我没有的东西。

那个连环杀手在一家披萨店上夜班，就靠着吉姆就读的大学。他是个黑人，大个子，一个使用披萨切片机的天才，有一张任何人都会觉得友善的脸。这个大个子一直在披萨店上班，直到一些人在他的家里找到一具尸体，然后是第二具、第三具。

"发现自己一直离如此纯粹的邪恶那么近，这是件如此古怪的事。"吉姆说道。

有个念头在我脑子里一闪而过：吉姆很骄傲，因为自己与黑暗擦肩，而我也很骄傲，因为我在和一个与黑暗擦肩而过的人睡觉。

然后我又想到：其实相比于正在喝的酒，我更想喝点别的。我就像诗作里的那些革命者，为路边的橘子水而渴望不已。我特别想要一只那种颜色明亮的塑料大马克杯，很多人往这种杯子里放上一大杯冰镇的得其利[2]，在波卢本街捧着大喝特喝，味道肯定比它们名字里带的那种水果本身还要好。我嫂子管这些人造香精口味叫"西瓜味的媚药""苹果味的媚药""香蕉味的媚药"。其实，这些甜蜜的酒劲头大得吓人。

管它们叫"媚药"确实恰如其分，因为使用媚药就是用挑逗来获

---

① 詹姆斯·梅利尔，美国著名诗人，1977年普利策奖得主，死于1995年。

② 得其利鸡尾酒，由朗姆酒和砂糖调制而成，名称来自古巴萨奇西哥近郊的矿山。

得别人的爱。这不就是煽情文学的问题所在吗？它所撩拨的不正是我们多愁善感的自我吗？我们之所以被挑逗，不正是因为它焕发了我们的感受力吗？这种满足不是正在取代真实的情感回应吗？

我努力搜寻着说辞，好向吉姆挑明自己到底想要什么："我想喝点甜的。"

因此，我们去找了一种叫"旋风狂舞"的酒喝。这个名字十分荒谬，仿佛属于魔鬼，多年以后，当堤坝溃塌，洪水滔天，它将在城市里肆虐飞舞。

然而要是真有那一天，新奥尔良就不会是现在这个样子了，但我不想这样，因为这是我和这个男人一起分享的城市，而到了那一天，他也将不复存在。也许这不过是一种可怜的夸张修辞：失去的爱情太沉重了，沉重到需要用一座城市去怀念它。但为什么记忆总要把我带回到自己最小儿女的那一刻呢？为什么我总渴求着一段跌宕起伏的故事，但每次到最后只能认识到自己的平庸？

我记得自己点了一杯"旋风"，然后立刻就为此感到羞耻。其实和吉姆在一起的时候，我更喜欢谈酒，而不是聊连环杀手。我记得自己想偷偷地屏蔽掉对话中所有"纯粹的邪恶""滚滚而去的人类历史"或者"完整情感"之类的语词，因为我觉得它们都太过宏大，以至于词不达意。也许我只是单纯地害怕这些词，我清晰地记得这种恐惧。

在巴尔的摩市区某地的一个化学合成实验室里，两个机器人偶在进行一场争论。其中一个人偶说道："法尔贝里这个恶棍，竟然撒这样的谎！我真是要充血上脑了！"说完又加上一句，"抱歉，我太冲动了。我是艾拉·里蒙森博士。"

话音未落，代表康斯坦丁·法尔贝里、四肢僵硬的那个人偶就开始自我辩护了，录音带里的声音带有浓重的俄罗斯口音："艾拉·里蒙森对这个合成过程没有任何贡献！"这个人偶说到这里的时候会手舞足蹈，这是在强调自己此时有多么激动。

这场争论用机器人循环播放，说的正是低脂糖的发明权争议问题。用两个仿真机器人表现这场争论真的非常合适，因为它们争夺的东西本身就与一种模仿品有关：糖精（né cameorthobezoyl sulfamide）。法尔贝里和里蒙森两个人都发现了，或者说都觉得自己发现了它。严格地讲，糖精在里蒙森的实验室被发现，但实验却是法尔贝里做的，里蒙森抢先发表了论文，但专利却让法尔贝里拿到了。

再讲仔细一点，故事是这样的：

有一天，法尔贝里用煤焦油做实验，袖子上沾了一些化学物质。那天晚上，法尔贝里发现自己的面包尝起来比平时甜，这让他很好奇。他当晚就跑回了实验室，先从白大褂上的残留物开始尝起，然后提取了一些试管里残留的物质样本，直接放进了嘴里。这种实验操作其实十分危险，只有在当年那种混乱的实验室条件下才会有人这么做，但法尔贝里却因此发现了一种不会被身体吸收的糖类物质。最后，就是靠这样的鲁莽之举，我们得以享受甜味带来的快感而无须担心发胖。

这种替代性正是我们鄙视甜味剂的原因之一，实际上，我们食用这种物质时并没有付出代价，却满足了自己的味觉。我们身上的资本主义价值观特别热衷于设立一系列规矩来进行自我约束，比方说，应该给自己每天的懒惰或勤勉程度打分，而对我们的身体，这些条条框框的规定尤其严苛。但在人造甜味剂面前，这种自我约束受到了严重威胁。我们从此可以靠甜味剂来作弊，一边放纵身体，一边却可以混个好分数。这就如煽情风格的作品一样，它一方面能让我们无须纠结于思考，一方面允许我们尽情地宣泄情感，就像王尔德说的，"情感上来一场不需要买单的奢侈享受"。相比之下，我们的审美自有其经济逻辑，应该推崇霍雷肖·阿尔杰[①]的以白手起家为中心的思维方式：你需要努力从艺术作品中掘取感人之处，仅仅通过煽情风格的作

① 霍雷肖·阿尔杰，美国19世纪儿童作家，以创作讲穷孩子如何通过勤奋和诚实获得财富和社会成功的故事著名，因此霍雷肖·阿尔杰式的故事意为艰苦奋斗、白手起家式的故事。

品来获得廉价感动是不可取的。

但到底怎么去掘取所谓的"感动"才是正确的呢？我们要先解析作品中的具体意象，细读出文学隐喻中的修辞内涵，分辨角色之间的细微差别，将相关概念置于文学史、社会史、制度史、世界史乃至所有我们能想到的历史体系中加以理解。我们需要按照特定的流程去感受作品。我们想让蛋糕抗拒被我们轻易地吃掉，但还是会把它吃下肚去。

我们总是鄙视那些唾手可得的东西，哪怕自己在实质上是如此贪婪。对有些女人而言，若真有所谓天堂，那它应该是一个所有食物都不含卡路里的世界。弗兰克·比达尔的诗作《艾莲·韦斯特》以一段厌食症女子的自白开篇："天堂，我会死在整床香草冰淇淋上。"这个女人将获得自由，不需要付出任何代价的自由，不会因此变胖，不会变丑，因为她就要死了。现在，我们活着就能进入这样的天堂：因为甜味剂，它从口腹之恶中解救了我们。

人造甜味剂的历史大事记

1879 年，康斯坦丁·法尔贝里在里蒙森位于巴尔的摩的实验室工作时忘记了洗手，他发现了糖精。

1937 年，伊利诺伊大学的迈克尔·司文达偶然从雪茄嘴上尝到了一些甜味物质，环己基氨基磺酸钠（甜蜜素）被发现了。

1965 年，詹姆士·斯克兰特舔了一下手指上沾的某种氨基酸，阿斯巴甜被发现了。

1976 年，泰莱（Tate & Lyle）糖业公司的一位助理研究员弄错了实验方案里"test"这个词的意思。他原本应该对实验物质进行测试，结果却理解成去品尝它。三氯蔗糖就这么被发现了。

在为我们发现甜味剂的过程中，这些科学家们大多表现得像业余爱好者，这些惊人发现多半来自一系列"实验室里的荒谬行为"。这些人压根就不是亚历山大·弗莱明[①]式的科学英雄，而是就那么傻乎乎地找到了一系列我们甚至都不知道自己该不该要的东西。这样的科学发现真是让人一点儿也骄傲不起来。

写这篇文章的时候，我一次又一次地从电脑前站起来，泡上一杯茶，然后找出一包蓝色包装的代糖，撕开它，倒进茶水里。一些粉末洒在了我的桌子上，这让我变得像法尔贝里或司文达，总会在一些地方意外地尝出甜味来，比方说我的葡萄酒杯、切菜刀和圆珠笔的边缘。

唐纳德·巴塞尔姆[②]的短篇小说《砸锅》讲了一个男人的故事。这个男人否认自己对每一件东西的所有权，比方说一件晚装长袍、一只女鞋、两片厚面包夹着的一片意大利香肠。"你觉得我会拥有一个糖果盘？"他对一位匿名估价官说，"银质的又怎么样？什么糖果盘？你一定是疯了。"

但在一样东西面前，这个男人犹豫了：一包100磅（约45千克）重的糖精。这一段让我忍不住笑了出来，终于有件他赖不掉的东西了！但接下去，这个男人又开始为自己辩护起来，他解释道，自己需要这一大包糖精，因为"健康问题"不允许他摄入糖分。然后，看着这一大包糖精，这个男人又换了一套说法："我明明记得自己往咖啡里放的是蔗糖，就在刚刚吃早餐的时候……绝对是蔗糖，一粒一粒的。所以这一大包糖精也不是我的，绝对不是！"这个角色就这么在我们面前通过声明一堆东西不属于他来定义自己。

如果要我从家里找出一样东西，广而告之地去否认它属于自己，

---

① 亚历山大·弗莱明，青霉素发现者，其发现过程始于一次实验中的意外。

② 唐纳德·巴塞尔姆，美国后现代主义短篇小说家，代表作《巴塞尔姆的白雪公主》。

我会选什么？大概是我那一大堆倒空的蓝色小纸包吧，塞了整整一小桶呢。如果你想知道我是什么样的人，那么这些小纸包就是我对自己最真实的注解。

我们总是利用糖精去建立这样一种无处不在的自我否定。1937年，《纽约客》刊登了一篇题为《城中闲话》的文章，里面提到一个女人在萨克斯百货商店看到一个白金的小盒子，但她怎么也搞不明白这小东西是干什么用的。

"这个啊，"导购小姐说道，"怎么说呢，它可以拿来装糖精，也可以装鸟食。"她说完这话又想了好一会儿，好像觉得自己这么说不太好，于是纠正道，"嗯，也可以装鸟食。"

用盒子里的东西喂鸟，这没什么问题，但如果这些东西是用来喂我们的呢？那么用这么个盒子就太过狡诈了。这个小盒子可以被想象成一件能被偷偷藏起来、时不时让人放纵一下的小东西：某种厨房圣品，某个时髦小姐偷偷藏起来的一件好玩意儿，要不就是一撮粉末，正被某个上流社会的名媛贪婪地嗅吸着。当然，我们知道这里面装的只是糖精，不是可卡因。这些劲头十足的白色粉末勾勒出的是什么？我们那一点寡廉鲜耻的简单欲望在它面前，根本就无所遁形。

后来，吉姆和我又去了一次波卢本街，但这次不是去喝威士忌的。这次我们喝的是拿试管装着的粉红色烈酒，醉酒狂欢的中年人们在我们的视野里跳个没完。我撕开了一包果仁糖，那是下午吉姆一个人去河边散步的时候，我跑出去买的。那时候吉姆说自己要一点个人时间，不想和我黏在一起，但说这话时的口气一点儿也不凶。

我们刚刚为了应该如何表达感伤情绪吵了一架。表面上，这场争吵好像是关于艺术的，其实只是我们俩之间的一场寻常争吵。这样的吵架，即使对既不写诗也不写小说的情侣来说也是每天的功课，只不过吼来吼去的内容会换成柴米油盐。"你老是在说自己的感受。没个够吗？我根本听不懂你到底在说什么，因为你一开口就是错话。"

吉姆就是那个说我的感情世界像一条蛇的人，他说自己似乎每天都在和一条蛇打交道。看出我的情绪并不难，但读懂它却是另一回事，即使读懂了，你也完全想不出该怎么去处理。看起来，他只不过是在抱怨，但我觉得他喜欢这个比喻，喜欢我们的微妙关系，它已经微妙到需要靠这种老夫老妻的套路才能维系。

这一切意味着在这个故事里，我是个复杂的人物，他也是。而吉姆之所以变得更复杂，是因为他总想跨越我们之间的隔阂，他会创造一个复杂的意象来容纳这些复杂性的复合体。两个作家坠入爱河的时候就是这样的，他们会一起感受两人关系中的复杂之处，然后引为谈资。

比喻常常将我们引向煽情，我们总能从那些万变不离其宗的说辞中寻找到泪点（"像蜜糖一样的嗓音""白瓷一样的皮肤""泪如泉涌"），但是，它也可以让我们逃离某种获得情感的程序。比喻就像一个个小小的救世主、埃兹拉·庞德的小小信徒，动动小手指就可以从多愁善感中把我们解救出来，只要说"来点新鲜的！来点新鲜的！"就行了。假如语言具有恰到好处的新鲜感，那么情感自然不会觉得贫乏，而如果语言在晦涩的程度上也那么恰到好处，你自然不会觉得浮夸。通过隐喻，我们能够把情绪直接转换为一系列充满惊喜、令人赞叹的语言表达，同时隐喻也会帮助我们转换与扩散神圣的启示。史蒂文斯描述过这种遮遮掩掩的感觉："隐喻的力量将一切缩水，无论是重要时分的沉重，还是关于活着的大白话。"

吉姆总是害怕自己把话说得过于简单，说成"大白话"，所以他把我比喻成了一条眼镜蛇。对他来说，这种叙述方式并不是一种懦弱的表现，而是对那些枯燥乏味的情感表达的厌恶。**任何人都能用那种大白话来说他的女朋友，但在吉姆的嘴里，我更加特别。**

当我们把自己隐藏在隐喻之中，我们在逃离什么？在正午的阳光下，到底是什么让我们如此害怕？昆德拉认为："媚俗会让我们因为自己而哭泣，因为我们的思想和感觉中的陈词滥调的东西哭泣。"我觉得我们之所以会把情感的复杂之处与隐喻修辞联系起来，在某种程度上正是因为我们想隐藏自己的庸常，那种包裹着我们的生活和语言的庸常。我们怀疑如果选择把一切直接讲出来，如果把自己多愁善感的那一面表达得过于直白露骨，那么到最后，我们会发现自己除了平庸之外，身无长物。

这种怀疑里包含着一系列的恐惧，不仅是害怕自己浮夸，害怕自己浅薄，也害怕自己平庸，害怕发现那些属于自己的感受其实和其他人的没什么两样。这就是为什么我们要对多愁善感讳莫如深，坚持认为自己的情感表达一定比别人的更加精致细腻，自己敏感的审美一定更加牢靠、更加冷静，能够更加深刻地认识一切。

20世纪80年代阿斯巴甜刚上市的时候，西尔列制药公司就意识到需要为这种产品设计一个图标，让它看起来既新潮又不失亲和力。他们认为这个图标应由基础的形状、表面化的内涵、舒服的颜色构成。这么一来，他们想要的形象就与史蒂文斯所主张的隐喻观念完全相反。西尔列公司想让这图标既能够体现产品作为"重大发现"的一面，又可以回避其中暧昧不清的部分。

西尔列雇了两个自称10年没吃过蔗糖的人，这两个人的工作就是要谨慎地找到一个合适的形象，它不能非常甜腻，不能是从关于蔗糖的陈词滥调中拼凑出来的。《纽约客》引用了其中一个人的访谈，看得出他有多么为难：

> 我们要和广告公司的一些人见面讨论产品的形象，其中有

人会说："要不然用心形怎么样？心形看起来又友好又甜蜜……"
但他们谈来谈去，说的东西实际上也就是一切煽情的陈词滥调。

哪怕在这种场合，哪怕是在创造它的人那里，糖精也需要否认自己所承载的意义，需要防止自己看起来太像自己。

互联网上到处都有宣称糖精终将毁灭世界的预言家。这些人要么大谈特谈糖精会如何使人得癌症，要么拿FDA[①]的文章为自己的观点背书，这一套几乎所向无敌。但凯蒂·金克尔却是一个对糖精喜欢得如痴如醉的博主，她如此形容我们生活的当代世界：

> 如果没有人造甜味剂，我们今天的世界会是什么样子？无糖可乐、果汁类饮料、口香糖还会是现在这个味道吗？你再不能只靠随手撕开一个粉色或者蓝色的小纸包就让冰茶带上甜味。大量的食物和饮会变得味道寡淡。这个社会已经没法离开这些人造甜味剂，它们早已无处不在。感谢上帝，感谢赐予我们这天降的福祉。

凯蒂的话完美地神化了那贫乏的甜味，还有那些煽情的内容。假如她也找到一个白金小盒子，一定会立刻用低脂糖把它填满，不管这么做有多俗气。这位凯蒂一定也是个会读哈利奎恩[②]出版的言情小说的人，一部神犬救主的电影就能让她涕泪横流。对于那些无趣的糖精厌恶者而言，这个人就是最典型的鄙夷对象：趣味幼稚、欲求过度、多愁善感。

---

① FDA，美国食品药品监督管理局。

② 哈利奎恩，美国哈利奎恩出版公司的品牌名，出版的系列言情小说以煽情和俗套著称。

我是从什么时候开始觉得应该避免陷入多愁善感之中的？可连世界末日都是以一段煽情文字作为开篇的。看看《启示录》吧，圣约翰写下它是为了警示人们世界末日的到来。在《启示录》里，圣约翰被告知："你将口中灌蜜。"他被告知："你将腹中苦涩。"

　　我想，我对这一切的恐惧始于《哈佛随笔》。这是一份文学杂志，我大学生涯的大部分都耗在了它上面。无数个夜晚，我在编辑部的木板阁楼里抽着香烟和其他烟鬼一起聊天，调侃我们在来稿中发现的那些陈词滥调，其实我们自己同样用过其中至少一半的表达方式。

　　昨天晚上，我坐在电脑前用谷歌搜索"哈佛随笔＋煽情桥段"，以为会找到一些我们发表在这本杂志上的言辞刻薄的评论文章。我们以前常常在这份杂志上发表类似的东西，用讽刺的笔调指摘那些言过其实、煽情夸张的文艺作品。我以为我会找到我们这种集体品位的记录——对无耻煽情的无情摒弃。

　　最后，我只找到了一个有关的链接，点进去之后发现是一段引自我某篇小说的内容：

　　　　小时候，她一直觉得他是个刽子手，这种印象也许只是来自一只被他踩死的虫子，或者是被他杀死的小兽留下的些许气味，哪怕他杀掉它们的理由十分充足。她猜他晚上一定是睁着眼的，被那些像鬼魂一样的杀戮记忆纠缠。虽然他从来不提被噩念缠身的事，但她很确定。他看起来就是那人，那种喜欢制造不堪的惊悚桥段的人。

　　原来，**我**才是那个对夸大其词的不得体之处沉迷不已的人。其实真实的我和我笔下的这个女人也没什么区别：总是想象别人身上有多愁善感的毛病，因为自己身上也有同样的问题，却总也搞不清是怎么回事。

刚刚收拾好行装住进艾奥瓦作家工作站的时候，我脑子里装了一大堆写作的点子。我想写一些故事，它们要显得睿智、有趣而且无所顾忌，但是具体要写什么呢？至少我知道自己不会去写一些伤感的东西。那时候，引导我写作的首先就是对过度柔弱、过于卿卿我我的刻骨恐惧，所以，我创造出了这样一些人物，他们厌恶自己，对身边的一切都持否定态度。我在工作站里写的第一批故事中有这样一篇，女主角叫苏菲，被我赋予了自我到极致的性格，她身边发生的一切都证实了这一点。

有个家伙评论了这篇作品，他写道："我知道我这么说一定有人想踹死我，但你会从文章中多次感觉到，作者其实是在拿苏菲的这些不幸玩排列组合。苏菲面部畸形，这严重扭曲了她的自我意识，她受到了性侵犯，大家都不喜欢她，她有饮食障碍，还是个转校生。这个人物还能更惨点吗？"

他说的没错。苏菲恨自己，因为我恨这个角色。我恨她，因为这个人物把我拖进了煽情故事之中，让我成了她的作者。我恨我自己，恨自己创造了这样一个自我憎恶的人物。

我不是唯一一个有此感想的人。另外一个家伙的批判文章是这么开头的："我得先说清楚，这里头没有一个角色是我喜欢的……我读了关于这些角色的所有内容，但完全没办法关心他们的所作所为，也没办法相信这些角色有自己的所想所感。"这也是对的：我并不想在苏菲身上投入太多精力。我知道她故事里的一切都会被猎奇的格调包围，所以我害怕如果自己让这个角色拥有太多情节的话，她就会彻底成为一个煽情故事的主角。所以，在写这个角色的故事时，我使用了一种可以称之为"被动风格"的语言表达方式，这种表达方式是对人物的一种谴责。现在我依然会这么做，哪怕只是在回顾它而已。

我害怕过度感性，但进而又害怕自己会陷入对过度感性的恐惧。恐惧和对恐惧的恐惧要求我先建立好一个可憎的预设。在某种程度上，我曾经成功地把煽情上的失败和拒斥煽情的失败这两者编织进了同一个故事里，这就形成了一条夸张的悲剧链，这样，我的每一位读者感受到的只有麻木。

那么，什么是真实的痛苦，什么又是煽情催泪呢？这两者的界限何在已经成了一个可以去机械化理解的问题：如果隐喻理解起来过于简单，叙事过于模式化，煽情倾向就会一路高扬，直到超过抒情表达的可控极限，而语言风格本身也会因情感过于外露而令人腻烦，不再有创新，情感表达也会因此变得廉价。多愁善感这个词说明在某一个时刻，人们的感性自我会完全被单纯的情绪充满、支配。"媚俗能够按部就班地迅速导致两次哭泣，"米兰·昆德拉写道，"第一道眼泪说：看着孩子们在草地上奔跑，这多么美好啊！第二道眼泪则说：当我看着孩子们在草地上奔跑，我就和全人类一起被感动了，这多么美好啊！"

这种荒谬的结论就像小孩过家家一样自然而且真实。这种印象如此强烈，引诱我们从此沉醉于自我欣赏。我们的眼泪就这样成了一种自我标榜，标榜着自己能够拥有如此热烈的情感。

但是，所谓的反多愁善感难道不是另一个方向上的自我膨胀吗？我们抵抗着自己的多愁善感，把自己塑造成真正的"洞察者"，塑造成能够准确判断何为无谓纠结、何为真实情感的仲裁者。这种反煽情的姿态实际上只是另一种自我标榜的模式而已，只是用批判代替眼泪、拼命论证自己看穿了一切而已，其实我们只不过放弃了对他人的同情，转而武断地证明自己拥有洞察力。这只是一种通过否定得来的自我褒扬，一种双重否定之下的自我安慰。

昆德拉说，这种预先设定的双重眼泪，在美学上完全无可救药，即使如此，在其他方面它真就毫无价值吗？如何解释人们从恶俗的爱情故事和悲情电影里获得的愉悦？肆意的情感宣泄真就一无是处吗？如果它真的带来了愉悦，那么我们是不是应该尊重它？如果不尊重，那么我们岂不是在一边为虚伪的自我辩护，一边指责他人的虚伪吗？如果是这样，那么好的作品应该呈现更优良的情感，应该更加广阔、更加丰富，而且更具道德感，这真的是我们一直坚持的观点吗？

即使是哗众取宠之作，也一样能让一些人跨越自己和他人生活之间的那道鸿沟。一档有关成瘾症患者的恶俗电视节目，也能让某个人感受到成瘾症患者的痛苦，哪怕成瘾症本身远没有那些节目渲染的那么耸人听闻，哪怕这样的节目里充满了各种脸谱化的典型桥段，哪怕它所讲述的情节既老套又扭曲事实，哪怕被这种情节操控情绪是一件如此可耻的事情。恶俗电影、恶俗文章、脱口而出的陈词滥调同样能让我们感受到别人的世界。尽管这些东西总会让我内心中的一部分感到恶心，但同时，另一部分在为它们的存在庆幸、欢呼。

我曾经花了一个半小时反复听一段巴菲·圣玛丽[①]的歌："它能让你不那么痛苦，让你离可待因[②]远一些……它是真实的，它是真实的，一次又一次。"可待因用药物的力量占领了你的静脉，而这首歌则试图清除掉它，让你注视而不是掩盖痛苦。感受情绪还是压抑情绪，正视情绪还是拒斥情绪，这两对矛盾之间存在的张力是相似的。但抽着烟，一遍又一遍地听着这首歌，让悲伤的情绪由此随意生长，这样做确实让我身上类似的紧张感消弭于无形。沉溺在这首歌所带来的忧伤情绪之中，这成为一种麻醉。沉醉于感伤就像染上一种药瘾，你可以一遍又一遍地感受一个音符，尽管当歌声止息，这个糟糕的世界依然在等待着我。

现在，我和吉姆正飞快地穿梭在法国街[③]那些鹅卵石小道上。小道两旁，油漆如蛇蜕一般温柔地从墙上剥落下来，一道道剥痕下露出了古老的墙体。吉姆让我骑在他肩膀上，我们一起尖叫，因为我们还活着，还活在新奥尔良，还在不管不顾地醉酒，我还爱着这个背负我

---

① 巴菲·圣玛丽，美国原住民创作歌手、教育家、社会活动家。

② 可待因，麻醉类止痛药。

③ 新奥尔良的部分旧城区以法国殖民文化风格而著名。

的人，他还爱着这个他背负的人，尽管这一切对我们来说正在日渐淡去。也许我们曾在应该怎么喝醉这件事情上有不同看法，但现在还有什么值得争吵的？这一切是甜蜜的，没有疑问隐藏其中，因为我们并不想要一个答案。

在让我心碎之后，一位诗人（这是另一位！）在他的诗中写道："我们的咖啡堆上了高高的奶油，除此以外，了无他物。"我很好奇，这是在说我们俩那失败的关系吗？也许它永远都是我的一场失败，我的咖啡里总是有太多的奶油，太多的甜味剂。

也许我让自己太轻信表面上的那些欢愉，却没能理解那些欢愉之下的复杂之处。也许这就是为什么在最初的一见倾心、一往情深之后，我还是会和每一个男人分手。也许我总在最初的蜜月期之后，还是坚信自己能够不断地向他们索取同样的浓情蜜意。我从不是任何人的"甜心"。无论何时，男朋友叫我"甜心"都会让我焦躁不已：我只是个"甜心"而已？这样的称呼让我显得无足轻重，它把我界定成某种贫乏甚至错误的存在。

我们总是习惯通过把握细节和过程，在那些不可避免的起伏中理解什么是深刻，什么是真实，但蜜月时光太过甜蜜，以至于根本无法持久，无法变得真实或深刻。甜蜜的滋味迷醉着我们的真实世界，让它变得令人腻味，可另一方面，这个真实世界却因为这样的滋味而保持纯真，由此对抗着不断纠缠人类的艰难险阻。这就是甜蜜那令人忧伤的全部真相吗？是它的饱和点和它的天花板？

我真的相信，在浅薄的甜蜜之中同样存在一些深刻的东西，可我该怎么把这种信仰说明白呢？在那并不复杂的悲喜之中，我们真的可以让自己被某些无比简单的事物感动。我不知道该怎么说才对，怎么样才能用恰到好处的感性来表明这一点，却又不会因为过于多愁善感而招致厌恶。

也许我依然会对着那位诗人喋喋不休，哪怕他对我早已无话可说。也许我只是不断地写着一些自我辩护的话，其实早已投降：我会给你再泡一杯咖啡的，我发誓！这次我绝不会堆那么多奶油，或者我们也可以一直喝奶油！当然，也许这位诗人其实从来没有为我写过一个字。

"你太自负了，"卡莉·西蒙①唱道，"没准以为这首歌是为你而唱的。"

"说实话，"沃伦·比蒂②说道，"这首歌就是关于我的。"

也许，批判煽情时，我们的恐惧中包含这样一种可能性：煽情的存在允许我们把所读之物据为己有，化入己身，我们渴望把自己的情感融入这些故事里，让那些情境与表述之间充斥着我们的眼泪。这又把我们带回到那种危险中：其实我们总是在为自己而哭，或者只会感受到自己的哭泣。

马克·杰弗逊认为，多愁善感中包含了一个选择。他的理论认为，人们之所以如此渴望扭曲现实，是因为他们可以通过扭曲现实感受到些什么。杰弗逊把多愁善感描述为一种特定的自我扰乱，一种"对纯真的虚构"。你在幻想着纯真的同时，也幻想着与之相对的邪恶，这些幻想创造了一个"道德上的情境，它能够抑制你本能中最原始的厌世感，不让它真正表现出来"。我赞同前一半，多愁善感确实可以形成这些幻想，但我不觉得这些幻想一定会创造出杰弗逊所恐惧的那种道德情境，也不觉得它们会像他批判的那样，必然削弱一个人的审美感受能力（他称之为"本能的厌世感"）。

我认为，多愁善感既可能激起这种厌世感，也可能不会。这种厌世感有时有用，有时则不然。很多时候，多愁善感相反会唤起我们的

---

① 卡莉·西蒙，美国创作歌手、童书作家、演员。

② 沃伦·比蒂，美国演员、电影制作人，曾 14 次获得奥斯卡奖提名，1981 年获得最佳导演奖。与卡莉·西蒙曾为情侣关系。

怜悯之心。我认为，面对多愁善感引出的各种幻想时存在着选择，而这些选择同样暗示了一种自省的可能性：我们可以让自己有所感触，同时让这些感受受到检视。

是的，我也抗拒煽情之中的某些东西，我同样害怕其中的轻浮，害怕它的言之无物，但我更害怕拒绝煽情之后，我们会变成的样子：没精打采、冷嘲热讽、冰冷无情。我对这两极的塞壬的召唤都没有免疫力。我的作品一度被称为"冷酷的小说"，我认为这个称呼是对的。我让苏菲受尽苦难，但没有让她在意这一切。深陷于沉溺 / 负罪于多愁善感的循环有多个阶段，每一个我都经历过：找到一场悲剧，而逃离它带来的影响，在或融化或冻结的情感中寻求庇护。

我不是第一个用后现代的讽喻方式为多愁善感辩护的人。很多人这么做过，一直都有。大卫·福斯特·华莱士①就曾经对此直言不讳，他的鬼魂今天依然在发出同样的声音。"戒瘾互助会上的一个讽刺者，就像教堂里的一位巫师。"他在《无尽的玩笑》中如此写道。对他来说，假如陈词滥调是真诚的，那它同样代表了文学表达的一种可能性——为感伤正名，说明这种写作方式是"直入主题的理解"，这样直接写意的表达方式能够直接传达出我们彼此之间的真实感受。因此，华莱士想象出了一个复杂的、无穷无尽的文学世界，陈词滥调在其中同样有一席之地。他在探究某种文学形式，能够让我们"心脑一致"，能够在表达感受的同时，也向世界发问。

我相信这种"心脑一致"的文学有存在的可能性，就像我相信"圣诞危机"可能真的存在。我相信我们可以直面煽情，而不至于轻易地卷入它所扭曲的那个世界之中。当我们被感伤感染，当我们感受到它的平庸正在一点点浮出水面，正在我们心中一点点展开、溢出，我想告诉你，这崩溃的一刻依然有价值。当甜蜜的高潮过后——它总是

---

① 大卫·福斯特·华莱士，美国 20 世纪 90 年代著名短篇小说家和散文家，以作品语言的游戏风格与戏谑色彩著称，自缢于 2008 年。

会过去的——那时我们总能比以往更加敏锐地注意到身边那些并不甜蜜的事物。如果煽情真的是那么虚妄、浅薄、不知羞耻的表达，那么我们从袒露感与内疚感的奴役中摆脱的过程正是它的价值之所在。我们试图让群星落泪，却不能忘记人性自身就是一个破罐子，从我们嘴里吹出的，永远都是自己那走了调的曲子。

我希望我们都能感受煽情带来的自我膨胀，为它所伤，被它的平庸背叛，被它的局限伤害。这其实是一条能够抵达史蒂文斯所谓"重要时分"的道路。我们一头扎进情感的奇观之中——放纵自己投身于这种"简单化"之中，而这会让我们感受到沉重与麻木，最终冲破这一切，等来雨过天晴。

等雾来

    天还早，而我正满世界地寻找 25 美分的硬币。费耶特维尔 ① 的市区依然一片寂静，在那些宏伟的石砌建筑里熟睡的人们还在做着发财梦。这里是煤乡的中心地带，街角的小餐馆还没开门。那家"西弗吉尼亚唯一的克里奥尔 ② 餐厅"还没开门。市政厅也还没开门，窗子上贴了一张传单，上面号召大家给一个叫伊齐的小姑娘捐款，她想建一个树屋。

    这些硬币是为我今天的监狱之行准备的，有人告诉我这玩意儿在那里好使。我要去探视一个叫查理·恩格尔的人，算起来，这个人已经和我联系了 9 个多月。查理向我保证，要是我身上有足够的硬币，我们就可以一边痛快地吃自动贩卖机里的垃圾食品，一边好好聊一聊。监狱的探视时间是上午 8 点到下午 3 点，想到过一会儿要和他一下子聊这么久，我就觉得十分紧张。其实我很担心到时候自己的脑子

---

① 费耶特维尔，西弗吉尼亚城镇，其煤炭工业兴盛于 19 世纪后期，20 世纪后期衰退。西弗吉尼亚州为美国 19 世纪至 20 世纪最重要的煤铁工业区之一。

② 克里奥尔文化指分布于中南美洲、加勒比海以及美国南部的西班牙混血裔族群的文化，包括特殊的饮食、艺术和其他独特的文化内容。

会变得一片空白，问出一堆蠢问题。我提前构想着我的餐食：早饭吃贩卖机里的食品，午饭也一样。最后，我也做好了最坏的打算：万一吃了闭门羹，自己该做什么、吃什么、给谁打电话、去哪儿。

两年前，我在田纳西州的一场超级马拉松赛上碰到了查理，几个月后，他因为抵押贷款欺诈被定罪，判了 21 个月的联邦徒刑，服刑地是西弗吉尼亚州比弗市的贝克利联邦感化院。

这个人就像一只有九条命的猫，他有很多个身份：曾经的瘾君子、两个孩子的爹、冰雹灾损的专业维修人员、电视制片人、励志演讲人、纪录片明星，而且过去 12 年间，这个人一直是全世界顶尖的超长距离跑选手之一。查理的跑步生涯是从八年级开始的。"我那时是个长相尴尬的瘦高个儿，而且非常自闭，但一跑起来，我就觉得自己变了个人。"他曾给我写过这么一段话，"跑步让我感到自在、开心，感觉自己是自由的。"

查理的战绩在极限跑圈子里广为人知：他穿越过死亡谷，跑完了葛比超马赛，跑步横穿过美国。他穿越过婆罗洲丛林，全程数百英里，后来甚至拿下了亚马孙丛林，还登上过麦金利峰[①]。2006 年到 2007 年，查理穿越了撒哈拉大沙漠，全程 4 600 英里（约 7 403 千米）。这一壮举被拍成了一部纪录片，也正是这部片子让他意外地惹上了一场噩梦般的官司。

查理从被捕到定罪的过程是个冗长而磨人的故事，但说起来，其中的关键情节也很简单：一个叫罗伯特·诺德兰德的国税局探员看了查理的纪录片后盯上了他的财务状况，他只是想知道查理这么个人到底是怎么为这些冒险之旅买单的。在我看来，他此时的好奇心大概算得上是一种职业本能，这种本能大概和我的兴趣有相似之处，我也总

---

① 麦金利峰，又称德纳里峰，是北美洲的最高峰，海拔 6 193 米，位于美国阿拉斯加州中南部。

觉得陌生人的母子关系或者夫妻关系里一定有什么值得挖掘的故事。

诺德兰德给查理立了案，但是并没在税务问题上找出什么漏洞。此后，他非但没有停手，反而进一步展开调查，不断地深入查理的各种生活细节，这些搜查手段都是《爱国者法案》之后才合法的。这场调查一直深入到查理的个人财产情况，诺德兰德甚至专门派了一位带着窃听器的女卧底去约查理吃午饭。查理那时候正是单身，因此答应了这场约会。为了在这位女士面前炫耀一番，他告诉她说自己的账户上有些"假贷款"。这些贷款本来是批给有稳定收入者的，但他都想办法申请到了。2010 年 10 月，查理被指控涉嫌邮件欺诈罪、银行欺诈罪和网上欺诈罪，一共 12 项指控。诺德兰德赢了。

查理的案子也是另一个故事——美国次贷危机的余波——的一小部分。政府之所以给查理定罪，似乎是在回应社会上的一种普遍看法：人人都对现在的不景气局面负有责任。所以，现在轮到查理去负责了。但查理所承担的罪责其实是成千上万人一起犯下的，而其中很多事情他至今声称他从未做过，有确凿的证据可以证明。一个由贪婪和鲁莽驱动的体系无可避免地崩溃了，现在有这么个人要为此背锅，去当替罪羊。

被传讯时，查理已经订婚了，不过面临牢狱之灾，婚约自然是保不住了。查理的服刑地点和北卡罗来纳他儿子们的住所足足隔了一个州，那时他的儿子已经是半大小子了。更糟糕的是，查理也因此失去了长期合作的赞助商，整整两年无法参赛。就这样，查理丢掉了运动的权利。后来跟我说这些时，他的总结倒是很简单：失去太多了。

当初我是迷上了查理那种传奇的生活，于是开始给他写信。在田纳西的山丘间认识查理时，这个人的一切都让我神魂颠倒，那时候他还不知道自己以后会落得这般境地。而现在我想去了解的是，牢狱生活对他来说意味着什么。"跑步让我感到自在、开心，感觉自己是自由的。"他的身体原本一直在本能地追逐着乐趣之所在，穿过沙漠、丛林乃至整个国家，那种生活完全是牢狱生活的对立面。因此我想知道，如果你把一个一辈子都在飞奔的人关起来，会发生什么。

至少有一件事是毋庸置疑的，我交到了一个好笔友。在我们通信的这段时间里，查理始终展现着他的睿智、风趣和真诚。这些年，他一直努力让自己远离牢狱之灾所带来的愤懑，但他太在乎这一点了，甚至有些过于刻意，其实愤懑依然像一道阴影，深深映入他的身体。查理说，这种感觉就像身处悬崖，他得死命地把自己拉住才不至于坠落崖底。"我的愤怒如此巨大无边、不可抑制，我讨厌这种感觉，每次表露出怒意的时候，我就在渐渐地失去对自己的控制。"查理不断地寻找能让自己静下来的东西："这其实和从前那些困境没什么区别，如果我们依然能保持积极的心态……那就总有些好事会发生的。也就是说，我还在期待好事发生，我已经失去太多了。"

查理在信里提到了他的母亲，一位已经老年痴呆的老妇人："我想她。我觉得自己离她那么远，这对她是不公平的，真的。"他还提到了女人："成年之后，我还没试过这么长时间没做过爱呢。要是在外面，我觉得自己大概撑不到一年。"

"外面"，巧合的是，这是我在巴克利马拉松赛赛场里听到最多的一个词，那是我第一次遇到查理的地方。巴克利马拉松是一项穿越田纳西荒山野岭的残酷比赛，全程长达 125 英里（约 201 千米），当然，赛程每年都会变化。在巴克利，"外面"指的是营地外面那一片让人迷失的灌木荒原。在"外面"，意味着你还在奔跑，在做你想做的事，去赢，或者去失败。"这里"，牢里，正好与外面的一切相反，这里不会让你迷路，因为你无处可逃。

有那么几周，查理信里的内容变得非常阴沉："我妈的情况越来越糟，我的膝盖也出了问题，我心里越来越闹得慌。"又或者："今天我完全是被吓醒的。"

他甚至不能在监狱跑道上跑步了，因为一处旧伤恶化成了贝氏囊肿①，在膝盖下面长成了一大块。在信里，查理写下了试图获取治疗的过程中那种难以想象的挫败感："我足足花了 90 多天递申请，就是为了看个医生，你无法想象人在这里被无视到了什么程度。"

圣诞节的时候，查理寄来了一张影印的漫画：胡子拉碴的圣诞老人隔着铁栅栏望向一株小小的圣诞树。贺卡上惯常印的祝贺词"愿你与我同在"被划掉了，换成了"愿我与你同在"。

给查理写信时我常常感到愧疚。其实我不断写进信里的只是自己住处周围的小事，比方说附近的戒毒诊所和盛开的梨花。其实我觉得无论写了什么，只要是把自己的世界和查理联系起来，那都是在他的伤口上撒盐。我写到自己在雨中跑步："到最后，我淋成了个落汤鸡，大雨简直把我给溶化了。"也写到在纽黑文的这次雨中跑步怎么让我联想起了自己的哥哥。爷爷刚过世的时候，我在弗吉尼亚和哥哥一起在相同的天气里跑过一次步，一起穿过切萨皮克湾的水产工厂。"我竟然跟你说跑步的事，真是个混球。"我如此写道，但还是把信寄给了他。我只是觉得这些事能把自己和查理联系起来，因为他曾告诉过我，暴风雨来时，他在监狱的砂石跑道上一圈又一圈地跑。查理写道，就跑步来说，这样的时刻再好不过了，因为别人都躲进了屋里。只有那一刻，查理能一个人待着。相比之下，我和查理讲电话时的感觉更怪异，因为背景音里总有一个声音在反复提醒我："你正同一个联邦感化院的囚犯讲话。"当我在黄昏时分一边打电话一边漫步于特朗布尔街的时候，他正蹲坐在监狱的某个角落，也许是一个小小的塑料隔间里。其实我根本无法想象那副情景。在我们通完电话后，我可以去城里最好的餐馆吃烤鳟鱼，而他上铺的家伙会翻身打鼾直到深夜，这让他头痛不已。

我们俩互相倾诉往事，我很喜欢这么做，因为这让我们感觉彼此依然平等。实际上，查理可聊的往事远比我多。当他回忆过去的时

---

① 贝氏囊肿，一种由关节积液引起的皮下囊肿。

候，那么多的生活经历自然而然地流出了笔端。我们都在信里写到了酗酒、嗑药，戒酒、戒毒。查理写到自己曾经是个瘾君子，但是已经戒掉 20 年了。他觉得在这座监狱里他是唯一一个在入狱之前做到了戒毒这件事的人，那儿可有 400 多个人。20 多岁的时候，查理开始干起了在冰雹灾害后帮人修修补补的生意，他因此几乎跑遍了整个美国。那段时间，他跟在最恶劣的天气身后，靠它留下的一片狼藉挣钱，让可卡因引导自己在最恶劣的中西部城市里，在那些最不堪的街区来往穿梭。但在威奇托最暴力的街区里，愤怒的毒贩向他开枪之后，他停了下来。他觉得那时候的自己才真算得上是罪孽深重，相比之下，现在的自己是那么无辜。

我在信里写到了很多年前在尼加拉瓜碰到的一位旅行魔术师，他只有一条腿，是个醉鬼，酗酒严重，让我觉得他已经可悲到令人无言以对。几年后我又想起这个人，那时候我也因为醉酒摔坏了腿，成了个拄拐的瘸子。我写到了自己在艾奥瓦城的时候，曾试图带一个刚刚戒酒的女孩去猛禽庇护所——"去看受伤的猫头鹰！"我向她保证，仿佛这些受伤的大鸟是世界第九大奇迹——结果我迷路了，开着车一直打转，最后我们只能坐在长凳上抽烟。我写道，那时候觉得自己真的很失败，因为我本想让戒瘾后的生活看上去充满可能性，但结果却让人大失所望。

春天里，有整整一个星期时间，我们几乎每天都在通信，无意中这成了我们的一种仪式。我们一起专注于某些特殊话题。查理向我描述了一个讨债的场景，一个大个子逼近一个小个子："我要把欠我的都收回来，要不然三刀六洞，狗屎不如！"他写到自己不断改变度过星期五的方式。酗酒的时候，星期五意味着喝上整整 1 夸脱（约 0.95 升）黑啤酒；戒酒之后，星期五是赛前休息的时间；但在牢里，星期五完全变成了另一个样子："这 15 个月，每个星期五的午饭都是一样的：一份不知是什么鱼的鱼排，配上太甜的菜丝沙拉和我不会去吃的薯条。星期五一到，犯人们就会打扑克或玩骨牌，一直闹到深夜。星期五还有一场电影可看，我不会去看的，因为这让人觉得自己在享受坐牢的日子，我不愿意假装这样。"

查理写到了如何在感化院的小卖部买威士忌和速溶咖啡，写到了午饭的时候，要是看到犯人选点心时在饼干和水果之间犹豫不决，狱警就会一嗓子吼过去。他描述了母亲节那天自己在贝克利的感受："那一天，监狱里就像多了无数僵尸，他们魂不守舍地到处乱跑，盼着这一天快点过去。"母亲节提醒了这些人，作为儿子的他们有多么失败。每一个节日都在向他们暗示着"外面"的世界，暗示着那些他们没有生活过的生活。

查理邀请我去探视他，把我放进他的探视名单里，告诉了我一些需要遵守的规矩："你可别穿超短热裤或抹胸上衣来，最好也别带药或酒进来。"曾有个女人穿了条短裙来探视，里面没有穿内裤。查理写道："她探视了一个年轻人，他真的很年轻，他的刑期很长。"

我在网上找到了更多的探视指南：我不能穿迷彩服、紧身衣，或者和贝克利内部同款的绿色卡其，和贝克利靴相似的靴子也不行。要是那天雾太大，我就得打道回府，雾天贝克利的管理会变得更严格，他们会更频繁地清点犯人。我想象着那样的大雾，西弗吉尼亚神秘的大雾，大团大团地升腾扩散，浓厚到可以让一个人跳进去找回自由，就像驾着一阵海浪。每一次雾间清点都是在对抗一种看不见的可能性。贝克利攥紧了手里的犯人，将他们一一计数，紧紧控制，牢牢封印。

我在网上下载了一份效果模糊的电子文件，上面有监狱小卖部的货品清单。能买到蓝莓口味、被叫作"台风特饮"的能量饮料，新鲜的鲭鱼小吃，辣味牛肉干，还有一种德国产的巧克力圈饼；能买到草莓香型的香波，以及叫"魔法生发水"的东西，还有叫"罗斯提椰子油"的东西；能买到网纹短裤，还有假牙牙盒；甚至还能买到祝过圣的胡椒圈饼 [①]，连镁乳、痤疮膏和圣油都能买到。

---

① 胡椒圈饼，墨西哥裔天主教社群的风俗食品，用于宗教节日。

我还读到另一些规定：对犯人在监狱内活动范围的规定、对个人卫生的规定，还有对个人物品的规定。个人物品过多会增加火灾隐患，因此只允许带五本书和一本相册。至于用来打发时间的手工模型之类，材料用过后就会被拿去处理掉。已经做好的手工制品只能送给你正式探视名单上的人。在这里，手工制品可不是想寄给谁就能寄给谁的。

如果照着规定做会怎么样呢？官方说明里提到不少"开心时刻"，除了老实待着就有的"开心时刻"，还有作为额外奖励的"开心时刻"，它进一步分成"勤奋开心时刻""社区改造中心开心时刻""功勋开心时刻""营地开心时刻"。营地开心时刻，真的开心吗？

沿着79号州际公路向南穿过马里兰州和西弗吉尼亚州之间的边界之后，路况就从丝绸般顺滑变成了砂纸般粗砺。风景很美，真的很美，一望无际、质朴无瑕的森林像一片绵延在山丘之上的绿影，一直伸进雾气里。我开始觉得所谓"煤乡"也许只是人们给西弗吉尼亚贴的一个标签，也许只是 NPR[①] 的一个谈资，也许只是我左手边那片扭曲的钢铁雕塑花园的主题——煤城小型高尔夫球场——反正不是真正的土地伤疤，因为至少从表面上看，这个地方是如此无瑕，如此纯净。高速公路的出口处有不少指路牌，上面的地名让人联想到一处处生机盎然之地：细语山、舔盐溪、蔓越莓林地。

探视之前的那一夜，我是和凯特一起过的，她是我读大学时的朋友，现在给费耶特县的一家地方报社做事。凯特住在一栋破房子里，建筑周围挂满了墨西哥狂欢节的旗子，边上还有各种奇怪的零碎环绕：一堆旧裙子，一篮子压扁的蓝带啤酒罐，一个空豆腐盒子，塑料盖子上全是尘土。她目前的同居男友德鲁是个本地人，资深无政府主

---

① NPR，美国国家公共电台（National Public Radio）的简称，该台为美国收听率最高的民间非盈利广播电台，政治偏向为自由派，因此在内容上与美国民粹主义、保守主义政见针锋相对。

义者，现在在干房屋拆迁和废品回收的活儿。这份工作说到底就是把空房子拆掉，然后把楼板卖给北方的嘻哈酒吧。和他们一起住的还有安德鲁，一位社区工作者，现在在做土地重整的工作。

凯特和德鲁把自己的家打扮得非常梦幻：脏碗碟摞成一摞，地板上有根骨头，白色马克杯上一只巨大的蜘蛛正在晃荡，一只猫头鹰布偶上缀满了亮片，烤炉里热着一大块希腊式素馅饼，一只狗正牢牢地护着它的骨头。屋后淌着一股溪水，还有一块用来晒太阳的大石板和一个小花园，里面种满了甜菜和卷心菜，还有做希腊式素馅饼用的菠菜。甜豌豆苗的枝蔓攀满了铁丝网，甚至还有那棵小小的山核桃树，显出一派郁郁葱葱的景象。

我和凯特、德鲁一起待在一间舒服的房间里，灯光昏黄，蛾子和苍蝇围着灯不断地打转。我的素馅饼上躺着一只飞虫的小小尸体。我问凯特她给报纸写了些什么，她说自己写的第一个故事是关于男童子军的。西弗吉尼亚南部的负责人努力争取要在这里建一个新的男童子军训练中心，他们许诺会为它修路，而且能给当地承包商减免税收。当地人太需要一项不压榨土地的产业了。

男童子军把他们的基地建在了一处刚被拆掉的老矿上。凯特采访过其中一些童子军成员，那时候他们正在清理矿上的旧铁轨。凯特问这些孩子知不知道是采矿把地表变成现在这个样子的，他们眼前就是那整个被炸掉的山头，他们身边全都是像刀锋划过一样的地裂，附近的森林已经变成一片土灰色的木桩。这些童子军男孩一无所知，但他们被凯特吓坏了。"你干吗问这个？"这时候一个大一点儿的管事的童子军男孩马上过来中断了采访。

凯特和德鲁教我该怎么读"费耶特维尔"这个词，应该是"费耶—乌特—福尔"①。他们也给我讲了一些更为宏大的事情，比如

①　原文为"Fayetteville"，使用德语读音，因此读作"Fay-ut-vul"，因西弗吉尼亚为德裔移民聚居区。

从 19 世纪 70 年代开始，为了得到盐矿、石油、煤炭、木材和天然气，整个西弗吉尼亚的大部分森林是怎么被一步步清理掉的。"但现在看起来很绿啊。"我说。我告诉他们，在南下的路上，能看到连绵不断的青葱山林。

德鲁点了点头说，是啊，高速路两侧没有露天开矿。

那原来是充门面用的森林①！我就是个傻子。凯特告诉我，该去看看他们称之为"美丽线"的东西，那是一排树，沿着山脊一路种下去，正好遮住了背后被矿场踩蹦得像月球表面一样的土地。我和那些童子军一样，有眼无珠，被一些表面功夫给骗了。德鲁告诉我，这里有些地方已经被挖空了，地表只靠下面的矿井支柱撑着，而且已经快撑不住了。当地人管这种土地叫"蜂巢"。西弗吉尼亚州就像位于美国中部的一个发展中国家，这里有那么多自然资源，它们被一遍又一遍地搜刮，当地人成了苦劳力，土地变成了财富，外来人赚取了利润。

我该怎么向你描述他们这座房子的魔力呢？它就像这一片废墟之上的天堂，长满了狂欢节的旗子、成群的飞蛾、贴满亮片的猫头鹰布偶，还有满目疮痍的土地间结出的一个个小小的瓜果。德鲁和凯特是如此善良，面对这个世界，他们是如此头脑清醒，并耐心地向我娓娓道来，同时在这块被撕裂的方寸之地安放他们那十足的雅性。

第二天早上，我在他们家的门廊上看到一条狗，不是前一天的那条，但看上去同样友善。这一夜我没怎么睡着，但记得自己做了一个梦：我在参加一次乏味的晚餐，在采访一个什么人，刚刚寒暄结束，正准备直入主题（虽然我也不知道"主题"是什么）时，这个人站起来去买单了。一阵心慌把我给吓醒了：我还什么都没问到呢。

这个梦彻底暴露了我。它没有消除我现存的恐慌，也没有展露一种新的恐惧。它只是提醒了我，我总是在害怕，害怕问出傻问题，比

---

① 原文为 Potemkin Forests，即波将金森林，引申自典故"波将金村落"，意为门面货。

方说偏离了自己来这里的初衷，或者暴露了自己的窥探癖但一无所得——一个傻女孩隔着铁栏摘下墨镜，然后结结巴巴地问道："这儿怎么样？最让你痛苦的是什么？"

我终于从一座灰石教堂边的小咖啡店里换到一把硬币。然后，我开车赶去比弗。行驶在高速公路上，我注意寻找着"美丽线"，其实要把它们认出来很难，这就是它们的功用所在吧。NPR 在播一段有关肮脏贫穷的矿区农村学校的节目，而地方电台里还在播放招聘广告，给矿上招人。

煤矿、监禁，这两样东西都被故意掩盖和歪曲，它们在西弗吉尼亚大地上交相辉映，其生长曲线完全相反。矿业在衰退，而监禁却越来越多。1990 年以来，西弗吉尼亚的在押犯人数量增长了三倍。有财有势的大人物在用一些新产业对这个州进行再开发，以此弥补旧产业衰退造成的损失。

在这场虚伪的美国话剧里，西弗吉尼亚州成了一个笑话，成了一个被施舍的对象，但还有很多东西是你看不见的，一个由劳作和挣扎组成的隐形框架。监禁同样具有这种不可见性，它深深隐藏于这一切的中心。我们就这样潦草补救着一种由来已久的恐惧，危机钉在人们身上，最后落到监狱里的上下铺之间，从任何一条高速公路上都不会被看见。

查理就是这样一个存在，他的故事是一场大事件的一部分。在那个更大的事件里，舞台是被削骨剥皮般过度挖掘的美国房地产市场，住在上面的人最后只能靠一些孤零零的柱子去支撑整个经济，只能靠妄想和贪婪去平衡现实与未来。这个世界和这片立在矿井支柱上、地面之下空无一物的大地并没有什么区别。现在，我们试着在劫难之后活下去，到处去惩罚能惩罚的人。我们经历了一场制度性悲剧，然后用一种简单而直接的方式收拾残局：服刑。

我按照 GPS 的指示开到了 1600 工厂公园路，我没有左转，也没有右转，这条路就是去贝克利的。我路过一个空岗亭，发现自己走进了一条林荫道，两旁是修剪得很奇怪的灌木丛和行道树，看上去，这里像个乡村俱乐部。

完全走错了。

首先，这不是我要去的那个监狱。贝克利联邦感化院是由两个部分组成的，一个中度戒备的监狱和一个低戒备的分部。我知道查理和其他轻罪犯人一起被关在那个低戒备的分部里，这些人大多是因为毒品或经济犯罪被关进来的。但出于某种原因，我觉得我得先去总部走程序——其实完全不用这么做。我的无知让值班警卫有些恼火，不过在发现这个大错前，他先指出了我的一些小错误，比如，我带上了自己的钱包，这是需要寄存的，再如，我穿着裙子就到监狱来了——"他真的很年轻，他的刑期很长。"我想对这个警卫喊："我的裙子够长了，而且我还穿着内裤！"我觉得自己的身体成了一件物品，成了施暴的诱因。我感到被怀疑，还被人当成了幻想对象。

在一对老夫妇身边，我填完了自己的探视登记表。我注意到老妇人带了个塑料提包，里面全是硬币。嗯，我们是同类。她也在找自动贩卖机，想给她的儿子准备一些零食，如果除此之外什么也给不了的话，至少也得陪陪他。

警卫好像在同某个准囚犯通话，我只能先等在那里。"自首的？"警卫跟电话那头说，"你只能带一本《圣经》，还有你自己的随身药物。"这是个十分怪异的场景，电话另一端的那个人正待在家里或者别的什么地方，听着电话里别人发出的指示，等着按照制度规定把自己身上的每一件私人物品交出去，每一件都是一个人的自由之所在。

打完电话，警卫又开始数落我弄错了什么。我的表格上没填查理的编号，因为我压根没记住那串号码。不过他可以帮我查一下名字，可这个名字我也慌慌张张地拼错了。最后，警卫告诉我要原路返回到岔路口，再一直走到底，那儿才是分部。

分部的警卫就友善多了，但我还是犯了一系列错误，先是弄错了车位，然后还是没寄存钱包，我需要回去把它留在车上。我想说：但在总部他们有储物柜！我现在特别想炫耀一下自己在这儿的见识，什么都行。我的钱包是个黑色的帆布包，上面绣了只黄色恐龙。詹宁斯警官几乎准备好为我破例一次了。我管这叫"一个恐龙例外"，詹宁斯很喜欢这个说法。这个分部的家伙们看起来很吃这套，就像普通人那样开开玩笑什么的。詹宁斯问我查理的囊肿好了没有，我说自己不清楚。我真不是个合格的笔友。

我听到他们在大喇叭里喊查理的名字。我想，常来探视的家庭应该很熟悉这套程序了，对每个环节都知根知底。太熟悉这些细节是一件伤感的事情：罪犯的编号、塑料包里的硬币、牛仔裤、硬面椅子、警卫们的脸和他们程度不同的幽默感、崎岖的道路、最后选中的是烧烤味薯片还是水果味软糖。从问候到分开，从这一端到那一端，你会发现自己已经变得与以前不同。

查理就站在探视间入口处等着：这是一个接近50岁的英俊男人，一头银发。他穿着一双巨大的黑靴子，一身橄榄色的统一服装，胸前印着他的编号。我有些弄不清规矩了，能抱一下吗？可以的，抱一下。还有别的规矩：查理不准用自动贩卖机，只有我可以，所以他要告诉我想吃什么；因为某种我不想提的原因，我们不能并排坐在一起，只能面对面。我环视整个房间里椅子的布局，往往有一个椅子是单独的，和其他的分开，这是给犯人坐的，这样，对面人人都看得到他。

探视过程中，我用费耶特维尔换的硬币买了不少东西：一大块花生奶油干酪脆饼、一袋 M&M 曲奇、一袋奶酪条、一包浓香芝士饼干、一根士力架、一块"得州"尺寸的巨型饼干，有小孩子脑袋那么大、一罐可乐、一罐无糖可乐，还有两罐葡萄味的汽水，第二罐是机器给错了，要不就是监狱方送的小礼物。我们的桌子摆得就像一片微型垃圾填埋场。

今天是星期一，不是周末，探视间一点儿也不挤。这个房间里的人都会一直待到下午 3 点。大家很自然地凑在了一块儿。坐在贩卖机边上的那家人提醒我拿回找零的 20 美分。两个小女孩对窗边的一队蚂蚁很着迷，这些小动物在监狱里来去自由。其中一个小女孩开始和查理聊足球，又聊到她的生日，一直喋喋不休，直到她说"我讨厌邪恶"才停下来，她说这句话时特别大声。

"我也是。"查理说。

这两个小女孩是和她们一头黑发的漂亮妈妈一起进来的，她们进门时查理告诉我，听说她们的父亲减刑了，因为告发了某个无辜的人。"我讨厌邪恶！"我们应该怎么评价这样一个政府呢？它有着如此严厉的大麻管制法，严厉到一个男人只有去告发另一个人，才能及时出狱，庆祝女儿的 5 岁生日。

和老爸在一起，小女孩们看起来很开心，争着坐到他的膝盖上，争着让他的鬼脸把她们惹得咯咯直笑，不断去吸引老爸的注意，虽然他的目光早就被吸在了她们身上。但这种轻松背后总藏着一丝虚假。她们肯定是坐了很长时间的车才到这个地方的，伴随着模模糊糊的恐惧，面对穿制服的人，和伤心的妈妈。

两个颤颤巍巍的白人老妇人也进来了，其中一个把她的粉红色手杖挂了椅背上，颜色和她的唇彩一样，最后她们等来了一个高大的黑人囚犯。查理看着我，笑道："没想到吧。"他告诉我，这个囚犯的孩子由这两个女人抚养。她们给他送来了照片。她们给他买了一袋子椒盐卷饼。卡特琳，那个讨厌邪恶的小女孩，想去够那根粉色手杖。"别去玩它！"漂亮妈妈喊了一句。老妇人自己倒是没注意这件事，她静静地把她熏黄的手指伸进一包奇多酥，往干裂的嘴里又送了一块，看着她的大个子朋友细细端详着照片上孩子长大后变得陌生的脸。

开始的几个小时，查理和我都在谈他的案子。查理找了几套理论来说明自己对诺德兰德这个人的理解：也许诺德兰德小时候经常让人欺负，脑袋常被人塞进坐便器，也许他觉得查理就是那个摁着他的脑袋按下冲水把手的人。这让我变得不安。为什么会这样？我觉得我早就听查理讲过这个故事了，也许事实真就是他说的这样，不过这毕竟是他被监禁之后的说辞。这个故事奠定了他的人生基调，当然，他会不停地讲这个故事。

我觉得有必要与查理的立场保持距离，这样我才是作者，他才是我的写作对象，但我又觉得，无论如何查理说的都是他自己的生活，我对其中任何一点的否定对他而言都是一种侵犯。我想和他聊聊在里面的生活，想知道这个地方让他有什么变化，他是怎么看这个地方的。但此时我发现自己的好奇心已经盖过了理性思考，对我来说，这里的生活就像一场奇幻秀，但对于查理而言，这是让他日复一日度日如年的现实。对我来说，这一切很有趣，对他来说，糟糕透顶。

查理满足了我的好奇心。他告诉我，自己睡大开间里的上下铺，那是一个大房间，被隔成了 50 个小隔间，就像公司办公室的格子间，隔墙是用煤渣砖砌成的，没有人能自由出入。他告诉我里面的黑市硬通货是什么（邮票），什么地方经常有人打架（电视房和篮球场）。他告诉我这里的生活和中度戒备的监狱完全不同，虽然两者就隔着一条街。听说那边会有装满可卡因的橄榄球被人从铁丝网外边丢进去，警卫拿了钱就会去捡这些球。他压低了声音，这样坐在后面的老妇人不至于听见这些话。

听他说这些会让我们更亲密一些吗，还是说，这又一次把我和他之间的隔阂摆上台面？我不知道。我真的能理解他的世界吗，或者我只是像个逛小卖部的游客一样在猎奇？查理有时候会这样开场："我说个事儿你听听"，然后就丢给我一段奇闻。他的监狱生活只有当他赠予我时才属于我。我关注了他的生活，他也给了我回报，但回报并不是那些邮票通货，而是一条特别而私密的捷径，借此我得以走进他的世界，或至少能触碰到它的外壳。

查理慷慨地提供着各种细节。他告诉我 7 月的时候自己花了 2 天绕着监狱的砂石跑道跑了 135 英里（约 217 千米）。他计了时，假装在跑恶水超级马拉松①。那是一场"外面"的比赛，选手要穿越低洼、炙热的死亡谷，查理曾经五次完赛。查理一直跑，直到 4 点钟的时候警卫来喊停，然后他就去睡觉了。这些天查理还组织了一个跑步小组，里面有个叫亚当的，有个叫"黄油豆"的，还有牢里唯一一个犹太人，叫大卫。大卫的老婆也在牢里，他还有个在牢里出生的小孩，6 个月大了。接受查理的训练之后，"黄油豆"足足掉了 50 磅（约 22.7 千克）体重，亚当甚至掉了不止 100 磅（约 45.4 千克）。

也不是谁都喜欢查理。他告诉我里面有些白人哥们不喜欢他，因为查理讨厌他们的种族主义腔调。再比如，去年 3 月，北卡罗来纳大学篮球队打败了杜克大学篮球队后，有个黑人哥们叫查理"婊子养的白皮渣滓"，因为这哥们儿是个杜克球迷，而查理正好是个老山羊②。但一般来说，查理还是很吃得开的。他知道要让牢里年长的黑人囚犯去敲打年轻的，这样后者打牌的时候就不会那么吵了。换成某个中年白人，这些年轻黑人是绝对不可能闭嘴的。但查理也告诉我，他一点儿也不怕朝别人脸上出拳，如果不想被欺负的话，有时候你就得当个混蛋。

不想被欺负。当每件事都要政府来告诉你能还是不能的时候，想或不想只不过是一个相对概念。

"我在这儿很容易就可以做到对周遭一切视而不见。"查理说。他知道在这里，周末是个特别的日子，在这一天人人都特别想度过一段属于自己的时光，尽量互不接触。星期五的时候，这种感觉特别强烈。我记得查理在信里是这样描述星期五的：种类不明的鱼排，玩牌的人一直闹到深夜，不用指望第二天能跑上一场。他其实连最微不足

---

① 恶水超级马拉松，举办地为加利福尼亚死亡谷中的恶水盆地，赛程全长 135 英里，最低处海拔 -85 米，最高点（终点）海拔 2 548 米，每年 7 月中旬举办。

② 北卡罗来纳大学篮球队的吉祥物为山羊，故球迷自称老山羊。

道的事情也做不了，比方说发条短信，给某人的电话留言，或者和某人好好聊一聊，不会有自动语音提示他的囚犯身份。他生活在另一个世界，和他说话就意味着要跨越那个世界和所谓"我们的世界"之间的边界，他们管"我们"叫"外面"，叫现实。

查理和我说起他一直在思考的一个概念，"内心自由"，这是他从杰克·伦敦那儿看到的一个说法，从本质上讲，就是当身体被困时神游他方。对于查理而言，内心自由意味着去读书，意味着神游，神游到别的地方去。"我不觉得这等同于幻想，"他说，"那种和漂亮女人赤身肉搏的幻想。"神游对他来说更加复杂，并不是去满足自己的欲望，而是让自己对环境更敏感。监狱不应有的自由却存在得如此微妙：仍然拥有选择如何面对各种框架和情景的自由，而不是被监禁慢慢消磨。内心自由是一把双刃剑，你可以抓住机会，但必须接受它的后果。"我可以想睡就睡，想跑就跑，想爱就爱，想跳楼就跳楼，想吃蛋糕就吃到撑，"查理说，"但最重要的是，我一定要顺着内心自由的指引走，虽然有时候结局不会那么顺心。"这种对欲望的表达让我痴迷：遵循指引走下去，哪怕结果并不好受。牢狱生活不仅剥夺你满足自己的能力，连搞砸的自由也会一起夺走，你甚至没办法沉溺于甜食、跳楼，或者上错床。

查理告诉我，他已经不再请朋友过来看他了，因为目送他们离开的那一刻实在太过痛苦。"愿你与我同在"只是一句补救之辞，既然"愿我与你同在"不可能实现。"愿你与我同在"是一句废话。当查理告诉我分别的一刻有多么痛苦时，我们都明白这一刻马上就要来了。无论我们聊了多少东西，无论查理如何描述监狱，我又听进去多少，这次探视总会结束的。我们在一起的每一刻都指向分别，就好像一幅画里总有一个透视点，成为画面上所有东西的参照，即使意识到这一刻的存在也无济于事。

下午3点钟在一天里不过是一个寻常的时间点，但它在我和查理之间画下了一条界线，它意味着我们身上的衣服、今天晚餐吃的东西不会一样，意味着下个星期我会遇见很多人，而他不会，意味着政府给予他和我的自由度不会一样。每个里面的人都会想象自己出去以后该干什么，查理说，有个家伙想把他在监狱里的健身教程做成视频，出去以后卖掉发财，另一个家伙则想去经营一条冰淇淋船。

3点的时候，我们中的一个就该走了，另一个要继续待下去。3点是个终点，他的世界要关上了，而我这段神奇旅程则要结束了。事实上，我们之间由始至终都没有交集。一个人自愿到这儿来，而另一个人不是，那么这两个人之间是没有交集的。

"你无法想象人在这里被无视到了什么程度。"不只是被贝克利的狱警无视，更是被整个世界无视，这个世界让这些人变透明，把他们打包关在这个国家最无名的角落，而"外面"的生活运转如常。在外面，你只是偶尔会想到监狱，然后就丢到脑后了；在里面，你每时每刻想的都是监狱，你没法无视它的存在。

3点的时候，雾天点名开始了，尽管今天实际上晴空万里。我们中的一些人能够行使自己的权利离开这个地方，而另一些人无权这么做。有个男人行使了自己的权利，绕着砂石跑道跑了540圈。当一个一辈子跑来跑去的人被关了起来，他还能做些什么？

也许今晚，我会梦见"美丽线"后面那些像月球表面一样的伤疤，无穷无尽。也许我还会梦到采访那个陌生人。也许他会回到油腻的晚餐边。也许我会给他买罐可乐，或者一块有他的脸那么大的饼干。他象征着所有有故事的人，而我象征着所有没听够故事的人。"我在这儿很容易就可以做到对周遭一切视而不见。"我会问这个陌生人所有问题，任何人会向别人问出的所有问题。我会问个够，让这些问题消解我们之间所有的矫揉造作与隔阂。我会问个够，一直问到他不再透明。无穷无尽的提问会让我们永远待在梦里，待在聚餐的那个时刻。

雾天点名一般是在天气不好的时候，天光晦暗，风卷云动，自由和禁锢之间的边界开始模糊不清，所以就需要赶紧点名标明身份。但边界只是暂时隐藏起来，实际上永远也不会消失。犯了过错的人们和没有犯错的人们被分隔开来，前者被围在由枪口和加刑组成的防线中。这些边界和防线像是在伤痕累累的土地上划上了新的伤疤。监狱是伤口，我们不断将其加诸这个国家的某些角落，那里的人们无法拒绝，因为它带来了工作和收入，那里的人们不得不忍受无处不在的冰冷暴力符号——"禁止搭载行人"的警示牌和铁丝网，就像这个地方需要忍受整个被人掀秃的山顶，忍受被掠夺一空的煤层，因为，一个威力无比的声音认为，我们只能通过忍受新伤来治疗旧伤。

痛苦之旅 Ⅱ

还愿之物 ①

　　弗里达·卡罗 ② 几乎穿了一辈子石膏腰箍，因为她的腰椎出了问题，根本支撑不了上半身。弗里达自然而然地把这个物件变成了画布，她在上面贴上织物碎片，画上美洲虎、猴子、彩羽鸟，还有有轨电车，就和她 18 岁那年出车祸时撞的那辆一模一样，当时它的扶栏刺入了她的身体。这些石膏腰箍至今还保存在弗里达那座著名的蓝房子里，透过镜子回应着每一个人的注视，上面的拼贴画将整个世界纳入了有限的束缚之中。其中，有一件腰箍在前胸位置的

---

① 原文为 Ex-voto，在拉丁文中意为在基督教传统中，某一圣人满足祈愿后，信徒表示感谢时献上的纪念物，包括壁画、船模或雕塑等实物，类似于汉语境中的"还愿"的供品。

② 弗里达·卡罗，墨西哥著名艺术家。6 岁患小儿麻痹症，18 岁时乘坐的巴士与有轨电车相撞，奇迹生还，但多处粉碎性骨折，终身残废。此后学习绘画，题材多取自身经历，创作有大量自画像，作品风格多变且充满中美洲印第安文化色彩。

石膏上镂刻了一个圆，看起来就像心脏边上的一扇天窗。

在舍伍德·安德森[①]的作品里，查尔斯·巴克斯特[②]一度认为自己找到了他所谓的"终末一瞥"，那段情节是一个女人在雨中裸着身子奔跑，想要引起一个耳聋老者的注意。巴克斯特写道："那个女人的身体，那是她能呈现出来的最后一件作为符号的东西，它指向最脆弱、最隐秘的一切。一个人的身体充满了意义，却不会被旁人缩减为任何一种具体的解读，因此，一方面承载着自身的一切渴求，另一方面却又不断抹掉欲望的存在。"

弗里达的腰箍上满是那种难以言表的欲求。这些腰箍至今还在替一个看不见的女人发声，还在直白地表达着她的欲望，就像那雨中的女人向着一个耳聋的老人发出的呼喊。我能感受到它们的美丽，可如果弗里达能够拥有一个可以不受困于这些腰箍的身体，她会为此而抛弃所有吧。

弗里达·卡罗和迭戈·里维拉[③]在1929年8月21日成婚，那年她22岁，他43岁。弗里达曾把他们俩形容为"一对奇怪的夫妇，来自点与线的世界"。弗里达在日记里把他们俩画成了阿肯那顿和娜芙提提[④]的样子。画里的阿肯那顿长着一个膨胀的心脏，胸前的肋骨像爪子一样，一对睾丸被画成了大脑的样子，阴茎则被画得和爱人垂下来的乳房一样。画下面写着："他们生了个男孩，有一张陌生人的脸。"娜芙提提怀抱着这个小孩，弗里达则一生无所出。

迭戈在弗里达的日记里就像病毒般无处不在。"迭戈，你的双手无与伦比……你的腋下是我的港湾……我偷来了你，我流着眼泪离开。我只是在开玩笑……我的迭戈，暗夜的镜子。"里面还有这样的

---

① 舍伍德·安德森，美国短篇小说家，以作品中强烈的自白风格闻名。

② 查尔斯·巴克斯特，美国小说家、散文家、诗人。

③ 迭戈·里维拉，墨西哥著名画家，20世纪最著名的壁画艺术家之一。

④ 阿肯那顿和娜芙提提，古埃及新王国时期的法老与王后，新王国宗教改革的发起者，其子为著名的图坦卡蒙。

句子："他是能够悟透色彩的人。"相应地,弗里达这样描述自己:"她是包裹着色彩的人。"日记里有些地方只是不断重复着大写的"迭戈",或者"迭戈,一切的开始;迭戈,创造者;迭戈,我的父亲、我的丈夫、我的孩子"。

"今天,迭戈吻了我。"弗里达曾在里面写下了这样的句子,然后又把它涂掉了。

在两人结婚第 24 年的 8 月,弗里达最终还是没保住她的腿。因小儿麻痹症而萎缩,因 18 岁时那场车祸而 11 处骨折,它最终生了坏疽而被截肢。一年以后,弗里达死了,仿佛无力承受这一失去。此前,她一次又一次地原谅了身体的背叛,看着一件又一件器官从自己身上离开。弗里达装过木腿,但因为酗酒,她一直站不稳。

弗里达爱她的医生们,她一次又一次在日记里感谢他们:"感谢拉蒙·帕里斯医生,感谢格鲁斯克医生,感谢法里奥医生,感谢波罗医生……"她为医生们的严谨、睿智和博爱而感谢他们,她将绿色和他们的科学联系在一起。在弗里达的作品里,哀伤是绿色的,树叶和德意志民族也是。弗里达有一整套的色彩语汇,棕色代表"内奸",也是树叶腐烂成泥土的意思,亮黄色则用来披覆地下世界的鬼魂。

弗里达 18 岁那年,巴士上还有一位艺术家,他站在她边上,带着一整袋子金粉。电车撞上巴士的时候,袋子压碎了,金粉洒了一地,也洒满弗里达的身体。金粉洒成了沥青路面上的一道霞光,像一条金属线穿透了一道淌血的伤口。品红色是鲜血的颜色。"最鲜活的,也正是最古老的。"弗里达如是说。"他是看透了色彩的人。"而弗里达则是那个把色彩穿在身上的人。

弗里达收集了很多还愿物,大多是向圣人还愿用的小画。这些小画里有很多天使,他们在那些受救助的弱者头上盘旋,而弱者小小的身子则出于感激或煎熬蜷曲成俯伏的姿态。画面下方的手写标题非常简练,简练到你可以从中联想到随便什么故事(比如,"我被马撞了,马被蛇惊到了”）。弗里达在这些还愿物里寄托着她的希望和执着，她的身体几乎是不可抗拒地被引向伤病的渊薮，她的画却始终不懈地在表达着感恩之心。

弗里达日记的封面和封底画了一对一模一样的高脚杯，两只杯子各盛着一张女人的脸：这张脸上有着丰满的嘴唇和宽鼻子，含泪的呆滞眼睛，泪水从眼角淌下。一张脸满是愤怒，混合着紫色和红色，瘀伤而流血，下面潦草地写着一行字：“不要为我哭泣。”另一张脸被画成了雪花石膏一般的苍白颜色，面颊上是两道绯红，下面写着：“我为你哭泣。”我流着眼泪离开。我只是在开玩笑。

“不要为我哭泣。”这个受伤的女人不会允许自己哭泣，然而，她哭了。

超级完美服务

琼·狄迪恩[①]的《萨尔瓦多》出版于 1983 年，描绘了一个身陷内战之中的专制国家。在这本书的开头，狄迪恩讲述了自己在一个商场里的经历。她想从货架间找到这个国家被隐藏起来的真相，同时，也想从这里买些净水药片。狄迪恩没有找到净水药片，却看到了许许多多别的东西：进口鹅肝酱、印着曼哈顿地图的海滩大毛巾、巴拉圭音乐磁带，以及和造型时尚的酒杯组合出售的瓶装伏特加。她写道：

> 这个购物中心所代表的也许正是萨尔瓦多最需要拯救的未来，我把它写下来，这是我的宿命。在这里存在着一种“色彩”，我觉得自己知道该怎么去表述它，它是一种反讽，其中的内容应

---

① 琼·狄迪恩，美国著名散文作家，作品以情感强烈闻名。

该可以把一切都说清楚。但当我写下它的时候，我意识到自己对这种反讽已经失去了兴趣，这些细节并不能用来说明这样一个故事，也许，这根本就是一个无法说明白的故事。

狄迪恩睿智地点出了真相，只是太过分毫毕现，令人不快：身处一场你看不见的战争之中，你仍然想要去看更多的东西。你总是热情满满，想把一切都看在眼里。因为你追踪的对象是恐惧，而恐惧是无迹可寻的，你只能在空气中嗅到它，并感到呼吸困难，却无法用语言去描述。

萨尔瓦多的每一个夜晚，一个又一个人被丢进卡车，然后被杀死，这些人的尸体都被丢去填了坑，而狄迪恩正看着一瓶伏特加出神。狄迪恩知道那些人，因为他们就在那儿，可那些人有过"权利"这种东西吗？

反讽，比在无望中沉默轻松，却比逃避更需要勇气。问题在于，很多时候你的手指是颤抖的，没有东西能让你去指责，你想大发议论，却发现无的放矢。

我常常感到自己就是被狄迪恩摒弃的那种角色，迷失在超市的过道里，不断寻找各种细节，我是来找净水药片的，却在离开时买了一本带着价签、写满了国家苦难的简读本。更确切地说，2007年读狄迪恩的时候，我正好在玻利维亚的一家超市里，那天我甚至还做了些笔记：

扬声器里正放着披头士的曲子，是《嗨，裘德》。有一条走道上堆满了罐装牛奶。荷兰的贝拉牌奶粉外包装上画着个面色红润的荷兰农场姑娘。我看到为老年人和运动员特制的营养麦片，还有一盒子明星牌燕麦，有点像我在大学时候吃个没完的燕麦脆片，除了盒子上写着一句"明星！"之外没什么不同。我还看到足有一个婴儿那么大的一袋蛋黄酱，2 900立方厘米，以及一大盒子橙色浓汤，是用南瓜和胡萝卜粉做的。这儿有一整排的罐装沙拉，来自加利福尼亚，来自俄罗斯，都称自己充满"天然香气"。所有美国沙拉酱都宣传说自己加了白葡萄酒。《南方邮报》[①]上个人刊登的广告是这么写的：约瑟琳，身材苗条，服务周到；珍妮丝，一位极富吸引力的女士，提供超级完美服务。

　　两个月后，埃尔阿尔托城的性工作者罢工的新闻在这份《南方邮报》上占了一个小豆腐块。这座土砖砌成的城市也位于高原之上，海拔比拉巴斯[②]还要再高一些。这些女人工作的酒吧和妓院被人故意破坏，她们坐在地方诊所门前一连抗议了好几天。"超级完美服务"，她们用针线缝上了自己的嘴巴。

　　我翻了翻笔记，上面写着罐装沙拉和南瓜粉。意图何在？我记不起来了。借代和比喻，这些修辞游戏无奈地耸了耸肩。细节之间的空白压倒了它们本应承载的意义，它们本欲提供的审美愉悦。

　　我们可以陈述事实，将注意力从沙滩大毛巾上移开，说："萨尔瓦多军在莫佐托村杀掉了上千人"，或者"四个在教堂工作的义工遭到强奸"，或者"美国政府一天付150万美金给干了这些事的军队"。但这些所谓事实也不过是被打包好的东西，是经过选择、编辑、解释后待价而沽的商品。

　　所以，我们要继续谈论这件事情。我们要再说一次：那些玻利维亚女人把自己的嘴缝住了，一连好几天。她们用针线穿过自己的皮肤，闭上嘴巴不再说话，让世人知道，说得太多会招来什么样的灾祸。

　　拉巴斯的海拔比埃尔阿尔托低了1 000米，每逢1月份，这里会庆祝玻利维亚人的一个传统节日——阿拉西塔斯节。整整3个星期，城市公园边上的市场里全都在卖微缩模型，你能在那儿找到很多东西

---

① 　《南方邮报》，玻利维亚苏克雷发行的一份日报。

② 　拉巴斯，玻利维亚第三大城市，与埃尔阿尔托一样位于高原上。

的微缩版：小马、小电脑、小小的文凭、小房子、小吉普车、小羊驼、小羊驼肉排和小小的护照。人们在那里购买他们最想要的东西的模型：新房子、新牲畜、够吃一年的食物。他们把这些小雕像献给一个小矮人——侏儒艾凯柯，艾马拉人[①]的丰产神，形象是个穿着亮色羊毛衣服、抽着烟的小矮人。玻利维亚人会把自己小小的愿望钉在这个小矮人的小斗篷上。

我们经常将小误当作可爱，但在这里它和可爱或新奇有趣没有任何关系，这只是一种固定的传统。我想象狄迪恩的商场里那些整齐的货物以玻利维亚人的这种传统形式呈现，无数的商品被钉在横贯天际的巨大斗篷上，亮色的衣服上装饰的正是伏特加和鹅肝酱。

这就像一块物质梦想的展板，或者说梦想中的物质财富的展板——"萨尔瓦多最需要拯救的未来"——在贫困的终点之后，一个可望而不可即的奢侈世界，无穷无尽，无限铺展的向往，一眼望不见边际。但在城市广场附近，你却可以洞悉一切，因为一切都成了小小的一个个，都能够被你拿在手里。这不是讽刺。欲望的细节无法说明我们坚持的到底是什么。是美好的梦想，或仅仅是妄念？也许两者皆是？在一位矮人神面前，祈拜者献上小小的祭品，而最终，完整展现在众人面前的，是无穷无尽的渴望。

詹姆斯·艾吉[②]的一场心碎

秋天，很多个夜晚，我都会去酒吧，那儿地上铺满了花生壳，而

---

① 艾马拉人，南美洲原住民族，主要分布于玻利维亚西部与秘鲁南部，使用艾马拉语，前文提及的玻利维亚总统埃沃·莫拉莱斯即该族人。

② 詹姆斯·艾吉，美国作家、记者、剧作家、影评家，1958年普利策奖获得者。

我是去一醉方休的。在那里，我读詹姆斯·艾吉。酒精把他关于伤痛的一切都带进了我的身体，让我愁肠百转，直至醉去。我不担心自己变得多愁善感，因为我醉了，而醉酒意味着感伤不仅被允许，而且是一种必要，漫漫无尽。

读一读《现在，让我们赞美伟大的人》就会发现，这本书其实和所谓的名人无关，它写的是臭虫、发霉的新娘头纱、地头上摇摇欲坠的农民房，还有一个艾吉想与之亲热的女人，以及负罪感。主要是关于负罪感。

其实，这本书是从一篇写砸掉了的杂志文章开始的。1936年，《财富》杂志让艾吉写一个关于深南部^①佃农的故事，而他则用一段深夜的灵魂自白交差，然后被拒稿了。于是艾吉又继续往下写了400多页。

这本书很难归类：章节之间看起来没什么联系；它讨论着棉花价格和牛仔工装，全书的灵魂却像个被钉在十字架上的天使；书里到处都是冒号，就像我们这句句子这样：简直癫狂。这本书既美丽又冗长，看到最后你只想使劲摇晃作者，让他赶紧闭嘴。之所以那么难以结尾，是因为苦难和饥饿始终充斥书中，无穷无尽。艾吉试图讲述的故事本就没有结尾。

读这本书的时候，我也在试着写一个自己的故事。在尼加拉瓜待了一段日子以后，最近我回到了美国。在尼加拉瓜，我醉酒后被抢了，脸上还被人揍了一拳。我的鼻子歪了，回到洛杉矶才找了个贵得要命的外科医生修复回来。我搬到了纽黑文，在那里，好像是个人都会碰上抢劫，我开始害怕一个人走夜路。艾吉写道："几乎所有的一切都在生理需求的压力下被残忍地玷污了。"我们从苦难中汲取的东西本该让我们成长，让我们变得包容，但我没有做到。我觉得自己退

---

① 深南部，美国南部的文化与地理区域名，又称为下南部，与上南部相对，一般指亚拉巴马州、佐治亚州、路易斯安那州、密西西比州和南卡罗来纳州。

缩了，伤痛变成了恐惧，变成了一种偏执。艾吉本该去琢磨那三个亚拉巴马农民家庭的故事，但他笔下写的都是自己的负罪感；我本该去琢磨艾吉这个人，但想到的都是自己。

我也想到，曾经在格拉纳达街上的其他所有人。我想到了那些我教过的小男孩，他们都对口香糖上瘾，每个人都无家可归，鼻子下总是挂着鼻涕，裤子松松垮垮。你能在卡尔扎达大街的酒吧逮到他们，这些小孩去那里是为了寻摸一些小钱，顺便互相做个伴。我想起了路易斯，他曾经在我家门口睡着了，我没请他进来过夜，还因为他挡住了门而晃醒了他。想起这些的时候，我发现自己的道德世界出现了一道裂缝：那时候我该怎么做才是对的呢？也许艾吉之所以一直往下写，也是想试图缝合这样的道德裂缝，因此他没法停下来。

艾吉行文中的伤感让我着迷，因为这份伤感与我无关。我曾经被自己的脸困住，就像一个幽闭恐惧症患者，同样，艾吉也被困在了某个地方，不过他和我不一样。"悲剧都是些二手货。"福克纳如是说。我能从这句话中读到一些东西：亚拉巴马的那些人家受的苦比我多，而我在一个邋遢的酒吧里认识到这一点。尽管这还远远不够，但聊胜于无。这就是艾吉在自己的书里表达的东西：言不尽意，但要努力去表达。当写到棉田里一个女人一天的劳作时，他是这么说的：

> ……怎么才能说清楚呢？……她的每一天都是由那么多令人厌倦的事组成的。她不知道做了多少次这些事，还要再做多少次。文字怎么才能把这些现实中的东西说清楚呢，怎么才能把这些劳作压在她身上的重量说清楚？我该怎么描述她身体里日复一日积攒的东西，该怎么描述那些组成她的意志、她的内心，甚至她的存在的东西呢？

同理心是会传染的。艾吉捕捉到了可资同情之处，而被传染的是我们。他想让这些文字留在我们中间，成为"最深刻也最坚硬的内疚与痛苦"。这些文字做到了，而且会一直留在那里，就像碎片，一直刺进捧着这些文字的手掌。艾吉宣称，如果可能的话，他根本不想把这些内容诉诸文字："如果做得到，我在此宁愿一字不写。"但对于我们而言，我们准备好去读上个 400 页。"只有从这个肉体上生生扯下一块，"他继续写道，"这一切或许才能说得清。"

把现实精确地复述出来，这不是艾吉想做的事，他只关心现实如何呈现自身，如其所言："这种日复一日造成了什么。"在他看来，厘清这一切的可能性就藏在书页的空白之处，在那些他无法组织、说明的东西里。在这样一个关于贫困及其对意识的影响的题目下，艾吉冷静地写道："大脑被无声地拉扯，直至四分五裂。"这本书就是这样对待那些故事的，把原本鲜活的内容拆解成碎片，然后拼接重组：农民房、早霞、牲畜、人、共产主义、孩子。艾吉称，这本书是在"努力捕捉着残酷生活里的吉光片羽"。

生活的本相是破碎的，因此艾吉用一本破碎的书让一切恢复原状。客观存在维持着一切，让这些碎片看起来像一个整体。贫困拆解了思想，将它消解于只为生存所需而动的身体，因此，艾吉选择了碎片化的叙事。四分，五裂。艾吉并不认为自己因此对写作对象做到了公正："我很确信，我努力尝试，按照自己的路子去讲这些事，仍终归会失败。"他行文含混，中间穿插着停顿，不断地致歉，吞吞吐吐，不能自已。

我觉得谈论自己所受的伤痛是一件困难的事。我一直尝试着赋予尼加拉瓜大街上的那一刻更多的东西，让我能够按照某种模式去解释它，而我最容易找到的模式就是负罪感。我的这双手曾经抓着沉睡男孩的肩膀，把他晃醒。你的梦是由什么凝聚而成的？我总是梦见那个男孩，梦见我的手。我恐怕会一直想着打我的那个人，永远也忘不掉。他的钱大概少得可怜吧？无论他会把我的小数码相机卖到哪里，获得的好处会给他的生活带来一些改观吧？其实我可以直接把相机给那个人，只要他不打我的脸。

艾吉找了个地方想去看看贫困是什么样子，然后试图感受其中的伤痛，抛弃隐喻，把这些都说清楚，把真相摆到台面上。"用文字表达心碎的感觉，这毫无诗意可言，你能做的只有尽量准确地描述而已。"对我来说，伤痛早已没有诗意可言，我的脸也不是一个隐喻或一种意蕴，它只不过是在精确描述我所经历的一切：一只手打在了上面。

说艾吉在冒险变成一个煽情者，这似乎并不正确。另一种说法也许更贴切，艾吉能够远远地捕捉到蛛丝马迹，然后一步步爬向它。他将它当作一种秽行般公之于众，强迫所有人旁观他因为一意孤行地使用这种夸张的表达方式而深陷其中的尴尬境地。我觉得，我被他传染了。

负罪感的意义何在？艾吉问道。我们也有此一问。我们喜欢这个问题，它直指我们每个人加速的心跳，脉搏因同情之心而紊乱。它强迫我们讨论，讨论我们自己，让我们忏悔。我们想要涤荡那些连忏悔也无法纠正的事情，比如那个睡着的男孩。艾吉在写作时酗酒，而我在读艾吉的作品时酗酒。艾吉在他的对象面前匍匐倒地，而我却不敢独自在夜里出行，因为我的鼻子骨折，步子因为伏特加飘忽不定，内心颤抖。你喝醉了，然后变得多愁善感，或者，你喝醉了，然后被打了一拳。我告诉自己，我的恐惧里有很多有意义的东西，比如获得的经验，比如和某个人之间的孽缘，还有留在身上的那一丝残忍。其实并没有。当我双手抱在胸前，穿过空无一人的街道，并没有谁从黑暗中尾随而来。

丢失的男孩

第一部纪录片开头，我们看到的是一片树林，几个穿着系扣领衬衫的男人站在林间小溪中，溪水没过小腿，他们身上早已裹满了泥泞，刚从河泥里拽上来一辆自行车。这几个男人操着乡土气十足的阿肯色口音说"别让其他人过来"，说话时的样子就好像是一群男孩在讨论怎么守护纸箱城堡，而现在这个"城堡"被黄色警戒线围起。他们并不是男孩，这里已经没有男孩了。在这里发现的男孩们已经死了，据说是被另一些男孩杀掉的。

警察的身边有三具异常苍白的尸体，他们被鞋带反绑着，缩成了小小的一团，草叶残渣在苍白的皮肤上蹭得到处都是。这三个男孩看起来就像三个沉睡着的换生灵 —— 据说孩子被精灵或者别的什么魔物偷换之后，就会变成这种东西。这三个男孩被杀于 1993 年 5 月，就在这个地方，他们被人抓住，成了祭品。

当溪谷的这一幕出现在镜头里时，背景音里交杂着对讲机里警察的对话，听上去他们面对这些尸体有些不知所措。整部影片色调阴沉，画质模糊，看上去就像是你刚睡醒时努力回忆起的梦境，但回过神，却发觉那是对炼狱的惊鸿一瞥。你期待有人这么告诉你：死亡、罪恶、尸骸，一切都不是真的，但随之而来的失望只是让一切愈加晦暗。

背景音乐渐起，警察的声音逐渐沉没。很快，你已经听不清他们的说话声了，但通过镜头，警察下河时沁入裤子的泥水渍依然清晰可见。这三个男孩中，有两个是溺死的，另一个在落水之前就死于流血过多。背景音乐是金属乐队①的一首曲子，叫《欢迎回家（疯人院）》。音乐声越来越响，很快盖过了警察的说话声，听起来就像有个孩子调高了卧室音响的音量，以此盖过门外父亲的叫喊声。

案件

整件事情是这样的：三个男孩被人杀害，另外三个男孩被指控谋杀，两个男人用了15年深入调查这件事，最后拍成了三部纪录片。

1993年5月6日，人们在阿肯色小城西孟菲斯一个卡车停车场后面的树林里找到了三个男孩的尸体，史蒂夫·布兰奇、克里斯托弗·拜耶斯和麦克·门罗。警察逮捕了另外三个男孩，小杰西·密斯凯利、詹森·鲍德温和戴米安·艾克尔斯，三人最终被控一级谋杀。检方认为这场谋杀是一场撒旦教仪式，戴米安被认为是撒旦教教徒。当地人都知道戴米安和詹森是两个喜欢穿一身黑、热爱重金属摇滚、迷恋巫师的家伙。三个人都留着长发，憎恨他们的出生地西孟菲斯。检方用一大批间接证据指控这三个半大孩子是这起骇人罪行的罪魁祸首。两个纽约来的电影人，乔·伯灵格和布鲁斯·西诺夫斯基决定把这个故事拍成一部纪录片（第一部片子发行之后，他们又拍了第二部和第三部）。纪录片问世后，这三个男孩很快就以"西孟菲斯三人组"的名称闻名于世，而两个导演通过这三部片子，把他们从走上法庭直

---

① 金属乐队（Metallica），20世纪80年代后期重金属摇滚乐运动的代表乐队之一，以其复杂的编曲和华丽的吉他独奏闻名，代表重金属摇滚乐运动中的鞭挞金属风格。

到入狱的经历连成了一个长篇故事。整个三部曲有一个总的题目叫《失乐园》，从检方指控他们有罪开始拍，到庭审、上诉，一直拍到他们此后多年的牢狱生活。

在第三部片子进入后期制作阶段时，一件始料未及的事情发生了。2011 年 8 月 19 日，三人在所谓的阿尔福德答辩①状上签了字，随后获得释放。尽管没有明说，但这几乎等同于州检方承认该案为冤案。这件事给整个三部曲画下了一个从天而降的句号。尽管两位主创由始至终都在和这个案子所牵涉的一大堆法律条文打交道，但它的到来还是像一个神迹。如果这些片子不是纪录片，恐怕没有人会相信这样一个不可思议的结局。

场景

《失乐园》给了高速公路很多镜头，因为这是西孟菲斯的特色。这座同样叫"孟菲斯"的小城坐落在全美两大州际公路 I-55 和 I-40②与密西西比河航道的交汇处，而那座真正的孟菲斯城就在河对面。③2012 年前后，西孟菲斯的人均收入略低于 2 万美元。

影片似乎为那遍布西孟菲斯的水泥"血管"而着迷，片子里有一组镜头是沿着高速路一路俯拍，掠过水泥空场和购物中心的米黄色屋顶，掠过拖车营地和土路肩上的报废卡车。这些全景镜头伴随着"金属乐队"的曲子，曲子的旋律和这些千篇一律的丑陋建筑混为一体。

---

① 阿尔福德答辩（Alford plea），以 1970 年北卡罗来纳州阿尔福德案得名，指被告人不承认有罪，但自愿承认检方证据足以定罪，以此进行司法交易以避免相应刑罚，因属自愿，故并非"自证其罪"。该答辩极少使用，一般在检方实际证据不足但无其他嫌疑人的情况下以此结案。

② I-55 和 I-40，美国州际高速公路，分别贯通美国东北—西南与东南—西南。

③ 西孟菲斯城位于阿肯色州克里滕登县，孟菲斯城位于田纳西州，两城隔河相望，同样以物流业闻名，后者建城更早、更出名，因此文中称后者为真正的孟菲斯城。

在这些通行全美的高速公路下面,穷人们被困在原地。这组航拍镜头开启了惨剧背后的故事,关于贫穷的故事。在这个故事里,年久失修的烟囱和栅栏已经摇摇欲坠,朽烂的破卡车上野草疯长,一个又一个街区把高速公路团团围了起来。男孩们不是在便利店里打发时间,就是在盘算着和女朋友一起摸进哪辆空拖车。故事里的每个母亲都有药瘾,头发都被发胶喷得脆硬。故事里人人都有一口坏牙,除了律师和警察。

在这个故事里,"白垃圾"家庭在死去的儿子墓前长跪不起,在因这场悲剧而变得众所周知之前,他们只是一些无名之辈。故事里的男孩买不起上庭穿的西装,也没钱给自己请个律师。州政府给什么,他们只能点头接受,这种情形本还会延续数年 —— 直到这一系列纪录片给予了他们发出不同声音的可能性。

杰西的继母看透了一切。"要是有钱的话,"她说,"你觉得这三个男孩还会进去吗?"

树林

发现三具尸体的地方叫作罗宾汉岭,是一片郁郁葱葱的森林,紧邻着一个卡车场。这个地方就在高速路边上,里面大到足以让人迷失方向。整片林子像一个失落的伊甸园,周围就是这个发达国家曾经的天堂。罗宾汉岭,听名字就像是不法之徒的圣地,但每次我听到这个地方,想到的都是彼得·潘,次次如此。彼得·潘来自梦幻岛,在那里,男孩子永远不会长大成人。

当你试图给他人讲述这个故事的时候,"男孩子"是最让人迷惑的一个词。三个男孩子被控杀了另外三个,这样一来这个故事里就有六个孩子,他们同样年轻,但并不同样天真无辜。

"在谋杀我们的孩子时,他们就不再是孩子了,"一个被害者的父亲说,"不,在计划这件事时,他们就不再是孩子了。"

第一部纪录片片尾展示了几张照片，是用 3×2 的格子排列起来的：三个死亡男孩的学校毕业照在上，三个嫌疑人被捕后的照片在下。这种几何对称的排版方式在报纸和新闻节目上很常见，它源于对答案的渴望，也正是这种渴望促成了最终的判决：试图让混乱的一切变得井井有条。三个被害者，三个杀人者，3×2 的格子就把他们都装了进去。无论什么样的邪恶，人们都可以用一些网格把它们装进去，一个也好，六个也好，对好位置，摆好角度，让一切整整齐齐，最后总能弄得井然有序。

控罪

抓戴米安、詹森和杰西的根据是什么？因为杰西认了罪，然后供出了另外两个人。这种情况下，认罪一般就意味着一切尘埃落定，但当时杰西的认罪并不那么可靠。他的智商只有 72，智力水平相当于一个 6 岁小孩，但他却在毫无根据的情况下被当成罪犯抓进警局，一审就是整整 12 个钟头，只有最后 41 分钟有录音记录。在录下来的 41 分钟里，杰西一再说错案件里的关键细节，但口供却又一次次被引导到正确的说法上。杰西一开始说自己是中午前后杀的人，但那时候三个被害男孩还在学校，然后，他不断地改变说法，直到最后才承认杀人事件发生在晚上。

我知道口供作假不是什么新鲜事，可意识到比起有记录的 41 分钟，空白的时间如此之长，还是觉得十分震惊。在那一长段时间里，杰西说的每一句话在他们看来都不可接受。司法系统就这样允许这一切发生，而且迫使这一切发生，这让我不寒而栗。即使如此，没人可以否认，在知道罪犯已经招供的时候，自己总会在心里舒上一口气。听着法庭上播放的这段录音，我心里非常矛盾。这怎么会不是真话呢？为什么会有人在这种事上言不由衷？古典学理论家彼得·布鲁克斯认为："西方文化赋予认罪自白以绝对权威，自白被等同于自证真相。"这份自己说出来的真相来自 12 个小时的审讯，来自两个警察一晚上的忙碌。

招供之后，杰西只要在戴米安和詹森上庭时再重复一遍自己的证词就可以获得减刑。他拒绝了。杰西可以因此少坐很多年的牢，但他拒绝了。

杰西是个小个子，他的辩护律师有时会在庭上管他叫"小杰西"。"小杰西"，还没大到可以当一个杀手。被警察押着走进法庭时，杰西身上套着的那身西装真的让他显得像个侏儒。麦克·门罗的父亲觉得很奇怪，为什么纳税人还要为被告上庭时穿的西装买单。他说："他们已经被关进去了，就该穿牢服。"这个说法是对指控最简单直接的复述：直到被证明无辜之前，你都是一个罪人，穿着你的牢服吧，直到我们决定你可以穿别的衣服为止。

杰西穿的衣服一点儿也不合身，看起来更像一件戏装。他看上去就是个小男孩，但失去了拥有这个身份的权利。杰西把头发扎了起来，在被告席上喃喃自语，脸上还残留着一些恶作剧后的男孩才有的笑容。被关进监狱后，杰西把家里人写给他的霍尔马克牌贺卡排列在架子上，他用一种颤抖的声音努力地读着上面的内容，里面的每个音节都清晰地读了出来。杰西还没长成一个男人，前一刻，他不过是个小男生，杂志上的一张比基尼少女照就能让他激动不已。

当杰西从监狱里给他的父亲打电话时，他们之间的交流听起来既痛苦又平淡。"你好吗？""我很好。""很好？""是啊，我很好。"两人的话题开始逐渐集中到小杰西那只受伤的手上，他朝着监狱里的金属马桶揠了一拳，现在担心自己是不是骨折了。杰西的父亲说："如果你的手还能动，那应该没骨折。"这是他们还相互关心的一个证据。有片刻，老杰西笑了。摄像机给他的笑容打了特写，那一口坏牙在镜头里非常显眼。一个父亲通过一条电话线享受着和儿子之间的欢乐时光，不管发生过什么。

在采访中，杰西被问到晚上都会做些什么。"我经常会哭，"他说，"然后就去睡觉了。"

上庭的时候，詹森·鲍德温看起来连青春期都没到，更不要说可以被执行死刑的年龄了。这令人心碎。詹森有着浅金色的头发，脑袋上像有一圈光环，你能在 19 世纪的灵异照片里看到这种光环。这个男孩憔悴得令人动容，他和他的妈妈一样有一口歪斜的牙齿，那个同样憔悴的女人说话时听起来总像是在吞嚼着什么。但就在这最让我心痛之时，我问自己：如果真是他们干的呢？树林里那些暴行在我脑子里一闪而过。我感到一阵内疚。怀疑他们的那一刻，我好像已经背叛了他们。

其实我什么也没能确定。纪录片里呈现的"证据"让我感到愤怒，法庭最终推翻了原判，这一点让我之前的愤怒更确定了。看着这些孩子的脸，我能从他们所说的东西里嗅到真相的味道。实际上，除了他们自己和那个凶手（如果他还在某地逍遥法外的话），包括我在内的每个人都对真相一无所知。所以，我心痛然而我无法确信任何事。这令人眩晕，因为在情感上你确信某些东西，理智却明确地告诉你一切依然迷雾重重。

在牢里接受第一次采访的过程中，詹森一直在喝一罐黄桃味的梅洛汽水，吃着一根巧克力棒。这是整个场景里最令人伤感的部分，比他说的东西还令人伤感。你会意识到，这些毫无营养的小零食就是他每天面对这一切时，唯一有权去选择的东西。当你把情感投射到某个具体的东西上时，共情会来得容易一些。我没法想象被关在牢里是什么感觉，不过我同样选择过零食。所以，我更多地关注詹森手里的巧克力棒，它的细节越清晰，我就越能感觉到一些原本与它无关的东西，越能明白自由的我和牢狱之中的他所过的生活有多么不同。詹森现在已经是个自由人了，我很好奇他现在吃什么，也好奇他当时最想吃的是什么。

但在银幕上，我看到的詹森依然是个犯人，监狱只允许他喝一罐黄桃汽水。詹森说自己不会去杀一头动物，也不会去杀一个人。片中提到了他的鬣蜥，在詹森的宠物里，这是他的最爱。我明白这个关于鬣蜥的细节来自影片主创的设计：你怎么能一边看着这个看上去只有 10 岁的男孩聊自己的宠物鬣蜥，一边还相信他是个杀人犯呢？我清楚地意识到导演把这个细节凸显出来的创作意图，它是如此直接地展现着詹森无辜的一面，比他自己对指控的否认更加有力，但是我也愿意为之买单。在詹森聊起自己的鬣蜥时，我相信他；他说自己没杀那些男孩时，我也相信他。詹森的律师问他，审判结束之后他想干什么。没准去一趟迪士尼乐园吧，詹森回答。他说除了一些郊区温泉，自己还没去别的地方旅行过。可他的声音含糊不清，到底是在说他去过英雄泉，还是温泉城①？我很想知道詹森·鲍德温旅行时的样子，想知道听到那一句"无罪"时，他脑子里在想什么，想和他一起坐飞机去阿纳海姆②。这也是整部纪录片有意营造的一点，如果这一切都是电影剪辑的手笔，都是人为编织出来的，那真实的情节会不会是另一种样子？会不会有另一种结局？

法庭作证的时候，法官询问戴米安他的名字的来历，他回答说是自己取的。有个问题他选择了回避——"你是为了听起来像恶魔而给自己取了这个名字吗？"③对于这个问题，人人心中早就有了答案。其实戴米安这个名字来自戴米安神父，一位天主教传教士，曾在夏威夷帮助麻风病人，最后殉职而死。如果能在两人之间找到一些相似点就好了——一种启迪，一种延续——但两个人的人生毫无关联。被

<hr>

① 温泉城，阿肯色州第七大城市。

② 阿纳海姆，位于加利福尼亚州，世界上第一座迪士尼乐园于 1955 年在此建成。

③ 戴米安（Damien）与 1976 年—2006 年六部《天魔》相关影视作品中的角色，即魔鬼之子戴米安·索恩同名。但英文 Damien 的词源实际上可追溯至希腊文 Damo，意为"恭顺者"，是一个常用的基督教名。

告人戴米安没有机会去帮助任何人，他的悲剧中没有任何英雄主义情节，只有虚度的人生。这就是坐牢的人要面对的。

戴米安原本可以去任何地方帮助任何人，但他这些年一直待在同一个地方，因此一事无成。这不是说在牢里他的人生就停止了，戴米安积极地谈论着他在牢里做的冥想练习、读的书，谈论着他和死囚犯狱友结成的友谊。但他的人生本应该在其他地方上演，相比之下，这让他的故事显得更加空无一物，仿佛书页边上的留白。

2005 年，戴米安自费出版了一本回忆录 ——《几乎是个家》。书的封面上有他的照片，皮肤苍白，睁大着眼睛，竖排的文字排成监狱铁栏的形状，罩住了他的整张脸。书的格调直截了当，十分迷人，戴米安在里面坦然地谈论着离家出走和隐秘的性爱经历，充满洞察力，细节却沉重得令人不安。我读着这本书，心里一阵悸动，一如我看到詹森手里的巧克力棒时的那种悸动：宠物的名字，男孩对辛蒂·劳帕①的爱，打家里吉娃娃的继父，因为那只叫胡椒的狗在继父祷告时跳上了床。

回忆录里洋溢着怪异的乐观与幽默，但戴米安的写作非常直率，让这本书难以卒读。对于我们在影片里看到的那个伤心欲绝的母亲，戴米安写道："她对我所知甚少，却按照自己所想尽可能地编了一个关于我的故事，好让别人更加关注她。"对于他被捕时给他生了个孩子的女友，他写道："我们之间没有谁追求谁的故事，甚至连勾引都没有过……我睡了她只是因为她就在那儿。"我还记得片子里的那个女孩，红发，漂亮而愤怒，心烦意乱地安抚着孩子，在宣判的时候从法庭跑了出去。戴米安知道关于这个女孩应该讲一个什么样的故事，一个我们都期待的故事：纯洁的爱情被一场悲剧笼罩，一对年轻的爱人被命运拆散了。但他拒绝讲这个煽情的故事，而是讲了真实发生的

---

① 辛蒂·劳帕，美国创作歌手、制片人、演员与同性恋权利运动家，在流行文化中以艳丽夸张的多变造型闻名。

那个版本。

在很多方面，书里写的东西都和纪录片里表现的相反。这本书会让你看到戴米安的母亲首先是一个人，而不仅仅是个悲怆的女人，看到戴米安孩子的母亲不只是个受难的圣母，看到戴米安本人其实有多么糟糕。这在某种意义上把一些我早已心知肚明的事情摆到了台面上，关于他们，关于在情感上与他们相关联的那个我：因为我希望他们是无辜的，所以我需要他们成为圣人。

父母

帕姆·霍布斯是史蒂夫·布兰奇的母亲，一个漂亮而激动不安的女人，去法庭的时候总穿着印花裙子。她似乎悲痛得精神错乱。一次，在地方新闻台的访谈节目中，她把儿子的童子军制服像一条头巾那样披在头上。在那一刻，帕姆看起来很确定，这场犯罪归咎于撒旦教，而嫌疑人是有罪的。"你看到这些怪胎了吗？"她说，"像一群朋克。"

镜头从这场访谈直接切到了一个公园，孩子们在那儿攀铁架，玩旋转椅。镜头又转到了公园里空无一人的秋千架，它们扭动着发出吱吱声，仿佛刚刚有人离开，或者还有鬼魂在上面摇荡。

麦克·门罗的父母——陶德和达娜，看上去就像是两位图书馆馆员，他们还有个叫黛恩的女儿。史蒂夫·布兰奇曾经送给黛恩一块月长石。摄制组采访他们的过程中，陶德不停地和镜头外边的人搭话，达娜说话时则不断朝丈夫的方向看，看他是不是允许自己继续哭下去。陶德说，想知道儿子在树林里的时候，有没有喊过他的名字。

那是1993年的采访。如今门罗一家依然在什么地方生活着，依然继续着衣食住行，晨起夜寝，在他们的梦境里，儿子或许依然活着。这一家人依然在某处工作糊口，每天下了班聚在一起看着喜剧放声大笑，或者面对一片寂静。他们的儿子，依然停留在二年级。

史蒂夫、麦克和克里斯托弗，三个人死前都刚拿到童子军俱乐部的狼级徽章。麦克总是穿着他的童子军制服，不参加集会时也不脱下来。史蒂夫有一只宠物乌龟，已经比主人活得长了。克里斯托弗有个绰号叫作蠕虫，因为他总是多动。

想拿狼级徽章就要先完成一系列的任务，比如蟹行、象行考验[①]，比如蛙跳，还得学会折美国国旗，学会四种预防感冒的方法，还要开始收藏某种东西，什么都行，要会做早饭，要能自己收拾餐具，最后，要参观一处本地的历史遗迹。我试着猜测这些男孩参观的是西孟菲斯哪一处历史地标，这个城市似乎被历史摒弃了。也许是第八街吧，那儿又叫贝勒西街，以大萧条时期的布鲁斯场景闻名；也许是赫尔南德·德索托桥，这是一处四通八达的大型交通枢纽，重型卡车由此奔赴各地。其实在西孟菲斯，这些最重要的基础设施在功能上都差不多：让某些东西到某个地方去。也许这些孩子完成任务的方式只是坐在高速公路边上，看着重型卡车滚滚而去。

到今年，他们应该29岁了，只比我小1岁。

梅丽莎和马克·拜耶斯是克里斯托弗的母亲和继父，在受害者的父母中，这一对最为古怪。梅丽莎看起来一直愤懑不已，但她的悲痛和愤怒却切换得非常直接，以至于在镜头里就像一场照本宣科的表演。梅丽莎希望嫌疑人不得好死，她说自己恨不得把戴米安的脸给啃下来。"我恨这三个人，"她说，"还有、生下、他们的、母亲。"说这些话的时候，她像打拍子一样不断地敲着手指。

某一次，在杰西被押离法庭的那一刻，梅丽莎喊了起来："杰西，我的甜心！"她故意拉高声调，让自己听起来像一个要强奸杰西的男人。梅丽莎在镜头前说："我要给他寄件花裙子。"她的声音听起来充满怨恨，但却异常笃定而刻意。这并不是因为她的怨恨有假，而是因

---

① 蟹行，一种体育训练方式，两人一组向前运动，训练协调性；象行，也是一种体育训练方式，四肢着地向前运动。

为她已经知道该怎么去用特殊的方式表达了。一大群摄像机围着这个女人，没完没了，而她不断地表演着自己的悲痛。这种表演方式已经让人开始怀疑她的内心是否真有悲痛之处，但这种悲痛是真实的。我真的想恨这个人，但我同时也意识到这一切是影片拍摄者故意营造出来的效果。此刻，我的内心深处依然有个声音告诉自己，她的儿子死了。在这一切中，这也许是唯一真实的东西。

另外一点也是真实的：梅丽莎很可能是一个觉得自己一生都在做无名之辈、得不到尊重的女人。这个世界从来没关心过她会说些什么，但突然之间，人人都想听她说话。

从表面上看，马克·拜耶斯是个完美的纪录片拍摄对象。他有些怪，而且毫不自知，对什么都有股子狂怒，特别是弄死了他儿子的魔鬼信仰者。拜耶斯是个大高个，挺着大肚腩，头顶上没剩多少的头发被梳到了一边，脑后却留着长发。这个人的脸总在抽搐，因此表情有些迟钝，他说这是因为自己脑子里有个肿瘤。拜耶斯最喜欢的一件衬衫上印着星条旗花纹，他表演的爱国者形象如此直白，似乎急于表现自己是个好人，好让他所忠于的那种主流文化认同自己。（狼级童子军要求的第二项：和另外一个同伴一起学习怎么折叠美国国旗。）拜耶斯很爱咒骂，不仅是骂骂咧咧，而且一直不停地诅咒这，诅咒那，满嘴的神神鬼鬼，在采访时大聊天使与恶魔的永恒战斗。拜耶斯经常用那三个人的全名来诅咒他们："戴米安·艾克尔斯、詹森·鲍德温和杰西·密斯凯利，我希望你们的魔鬼上主马上把你们带走。"他发誓会在三个人的坟前向他们施咒。

谋杀案发生几年后，拜耶斯回到了罗宾汉岭。他一身牛仔装束，用一把弯刀在高高的草丛中间开道。犯罪现场早就被野草盖住了，镜头语言暗示，野草早已继续生长，而拜耶斯的精神世界仍停留在几年前。这个男人对兑现自己的誓言早已急不可待了，因为无论是自己还是观众都已经等得太久了，他早就想表演这套仪式了。"我要在你们的坟墓上吐口水。"三个嫌犯都没死，但拜耶斯在犯罪现场堆起三个土堆，然后说这就是他们的坟墓，并开始往土堆上倒打火机液。"我的宝贝会踩住你们的脖子。"他向这三个嫌疑人的灵魂宣告，现在他们已经被定罪。这里有一个很奇怪的说法："我的宝贝会踩住你们的……"在仪式里，这个男人复活了自己8岁的儿子，使之变成了一个复仇之神，然后在儿子身上注入自己的满腔怒火。

拜耶斯点了一根烟，火柴掉在了地上，火焰很快在干草丛中窜开，他赶紧用牛仔靴的鞋跟踩灭了火苗。这场巫术秀本身似乎在表达拜耶斯内心中某些强烈而无法自控的东西，但这一幕看上去却如此拙劣，就像有人在拍一段地狱主题的小电影。"你想啃我儿子的蛋?"拜耶斯对着空气喊道，"烧死你这个婊子养的，烧死你。"

这场秀快结束的时候，拜耶斯似乎已经演不下去了。他已经表演了太多尴尬的煽情桥段给你看，看得人疲惫不堪。我想他也累了。所有人，那个辅导杰西去考高中同等学历文凭的女人，那些说司法系统腐败的人，那些说司法系统并不腐败的人，拜耶斯对每一个人发泄着自己的怒火。愤怒的对象最后成了一个意义不断变化的他们。拜耶斯现在为了这些人活着，每个人对他的表演都是那么如饥似渴，他们无处不在。

迷茫的心伤之人与暴怒者，拜耶斯在这两个角色之间不断切换，令人不安。有时候，拜耶斯的做派里充满了悲伤的迟缓，有时候则是一种做作的愤怒，但在这两种模式面前，你总会明显感觉到其中的冲突和矛盾。拜耶斯就像一个总在扮演悲伤父亲的蹩脚演员，尽管表面看上去无懈可击，但其中散发的虚假味道会让我觉得他所做的一切其实适得其反。他看上去如此卖力，不断装出一副自己该有的样子，装成一个失去了儿子的父亲。但面对这些呆板的表演，你不会有一点儿感同身受的感觉。他表现的愤怒实在太过荒谬了，以至于完全无法获得自己想得到的那种同情。

片子里有这样一幕，拜耶斯和陶德·门罗一起射南瓜，拜耶斯很快就和以前一样开始抢戏，他喊着三个男孩的名字，好像自己正在杀掉他们。"哦，杰西！""詹森，快来亲亲我！"拜耶斯用一种粗暴而残忍的方式唤起我们的想象，这几个男孩可能正在监狱里被人强暴，好像他有权去想象这一幕，拿这个来取乐。但这一幕混杂着如此之多的怒气，看起来既陈腐又诡异。拜耶斯只是这场戏中的一个角色，另一边的陶德·门罗在努力跟上他的节奏。"法庭能给我们什么？"陶德一边问，一边瞄准，表现得就和拜耶斯的巫术表演一样。这番圣战者的表演让陶德从哀悼者变成了复仇者，也让死去的男孩从三个变成了六个。

我觉得自己被门罗背叛了。我希望他是那种我可以彻底同情的父母，但同情已经被可怕哀伤之下那种复仇的冲动完全破坏了。我们的冲动让我们扭曲，将一切一片一片削去，归于一片空白，就像子弹击碎了南瓜。"咔！咔！咔！"每一枪都发出一声清脆的声音。

愤怒

第一次看这三部片子的时候，我还是个青少年，那一夜喝得大醉。对着这几部片子，我不想思考什么，只想感受其中的情感。随着情节，我的满腔愤怒成功地将我卷入了一阵感性的飓风。电影主创就是愤怒的制造者，他们让你相信这一切下面隐藏着巨大的不公，所以，你开始想找个地方发泄你的愤怒。一些人开始发起抗议运动——"释放西孟菲斯三人组"，另一些人则捐出了数百万美元用作他们的律师费用。那一晚，我大醉之后开始假装自己是个律师，对着走廊里的镜子进行了一番慷慨激昂的辩护。"这不是正义！"我对着空气发表着自己的结案陈词。

当然，这不是全部。我知道自己其实同时也在为之欣喜。为了什么？不公。我简直被这种不公给迷住了。我想象着自己在奋起反抗被掩盖的不公，这就是我的角色。

我们喜欢让自己变成那个对抗不公的人，这很简单，选择阵营而已。我们天生就有关心别人的倾向，为别人遭受的不公而愤怒，它会在连我们自己都没有完全意识到的情形下被唤起，就像牵动一块肌肉。

或许这只是我的想法。为什么要认为每个人都有这种喜欢引颈围观的可耻想法？我不想暗示说自己并没有真的为这些孩子感到痛心 ——其实接下来的 10 年时间里，我不断地想到他们，而且还给监狱里的詹森写了好些信，尽管从来没有得到回复 ——但我得承认，在某种程度上，这些片子让我很享受。这不是说惨剧本身有什么让我感到愉快的地方，而是说看这些片子时，自己表现出的一切确实让我很满意，这证明了我是一个有同理心的人。

回到那一晚，在假装自己是被控男孩的辩护律师时，死去的三个男孩却没怎么在我的脑海里出现。直到几年以后，我才在网上找到了他们的尸检报告。被人找到的时候，三个男孩全都一丝不挂，身上黏着厚厚一层淤泥和树叶，因为在水里泡得太久了，尸体手脚都起了皱。

这份报告用各种术语给这三个男孩尸体上的伤痕分了类 ——割伤、瘀伤、颅骨骨折、皮肤剥离和挫伤，嘴唇上、耳朵后面满是"半月形擦伤"。他们的肛门周围都是粪便，这是过度惊恐留下的痕迹。接下来罗列的是三个人的器官重量，精确到克。克里斯托弗的右肺比左肺重 10 克，史蒂夫的也是。在这份报告上，尸体本身的法医描述和各种伤痕的叙述交叉出现，相互佐证，令人战栗。"绿色虹膜，角膜洁净……左眼眶附近有蝇蛆。"报告的行文十分巧合地合辙押韵。克里斯托弗的毒理学报告包含了有关阴茎的条目："细菌群落滋生，有少量血红细胞的鬼魅残留。"[1] "鬼魅残留"，一切对于暴行的描述

---

[1] 三名死者中，克里斯托弗·拜耶斯的生殖器被切去。

越诗化，越美丽，就越像对死者的另一次施暴。

"不显著"这个词在报告里出现了很多次，我每次读到这个词都觉得十分诡异。也许在这样一份报告里，诡异本就是理所当然的。在史蒂夫·布兰奇的尸检报告里，他的身体被总结成了一段话："除以下所述损伤，胸部和腹部受伤不显著。阴茎损伤见下文。上下肢除伤处外无异常……详见下文。"布兰奇是个65磅（约29.5千克）重的金发男孩，除了被人施虐之处外，身体无显著异常。他其实并不是一丝不挂的，报告上提到："右手腕戴有一只布制友谊手镯。"

为什么第一次听到这个关于死亡的故事时，我想得更多的并不是这三个男孩呢？也许因为他们已经是亡人了，而我的愤怒是为那三个依然能够被拯救的男孩准备的。

从这个意义上说，我和那些受害者的父母是一样的，只是发泄愤怒的具体对象不同。无论你是陪审员，是一位母亲，或者只是某地的某位普通公民，你总得有个对象来发泄愤怒。无论这时候你的身份是证人还是受害者，你都会因为有了这样一个对象而释然，然后将一切抛之脑后。你只是被吓着了，想远离这些恐怖之事，想让自己的无名之火显得有意义。于是，三对父母希望三个孩子进监狱，希望他们受尽折磨，烈火焚身，直至死去。而我则因为这些父母的不宽容而感到愤怒，因为这些人除了给人定罪以外不准备思考别的任何东西，他们如此坚持己见，仅仅是为了抒解自己的痛苦。他们越高喊复仇，我就越无法同情他们。

在对他们的所作所为感到愤怒的同时，我意识到我的所作所为恰恰就是我所厌恶的制度的所作所为：寻找一个替罪羊。我想象着这些父母的脸，他们让我对错误与不公的各种浮想有了具体对象。所谓司法体制太过宏大，让人无从恨起，但一张张的人脸却可以很好地成为目标。我提醒自己，这些父母之所以恨三个嫌疑人，是有人告诉他们，让他们这么照做的。这是司法系统的又一桩罪，它不仅剥夺了三个男孩的自由，更是以此把三个家庭的痛苦据为己用，强迫着他们把痛苦变成别的东西。警察与法庭用自己的偏见、固执和独断专行让这三个家庭从哀悼者变成了复仇者。

面对这些受害者的家人，我不由自主地为自己的愤怒感到内疚。我能感受到他们的哀悼中饱含着多么深重的苦痛，这让他们从此活在愤怒之中，寻找着永无归日的所爱之人。他们没了孩子，却被给予了一个机会，去施行一场火刑。

"莽火"，指的是在原野上烧荒时放的火，生命在这把大火之后重新开始。这种毁灭是可控的，就像消灭身体里肆虐的癌细胞，或者为了阻断坏疽而截去肢体。多年以前，女巫像荒原一样被人们施以火刑，她们用身体承受这场可控的火。这些人的身体里寄居着魔鬼，人们以为只有烧掉它，身体里那些不可名状的邪恶才不会感染其他人，不会感染我们每一个人。

庭审

为了追求效率，人们指控这些男孩有罪；为了制度的尊严，人们迫使他们认罪。西孟菲斯警局的首席警探格里·基彻尔代表着这种效率。第一部片子引用了一段新闻发布会的镜头，记者让基彻尔用1到10来形容警察对案情的确定程度，他说"11"，大家鼓掌、大笑。

18年后，阿肯色州政府终将推翻这个"11"，那一刻，三个已经长成男人的男孩成了自由人。但在纪录片里，这个"11"就在那儿，而且永远都会在那儿。人们对这个"11"渴求如狂，为它大笑，笑声发自内心。人们需要让自己相信基彻尔说的那些话，因为那代表着司法系统，也代表着这场悲剧的真相。他们需要让自己相信它，因为只有这样，人们才觉得对于这个世界上的每一个悲剧，我们都能找到相应的办法，让一切回到正轨。

"我觉得是因为条子找不到凶手了。"儿子被逮捕后不久，杰西的父亲如是说。说这话的时候，这个男人斜躺在靠椅上。他有一张赤红的脸，一双邋遢的手。他是个机械师，看起来很冷静。多年以后当杰西被释放，这对父子没有参加公开的庆祝活动，而是自己弄了一次烤肉野餐。但此刻，这个父亲并不知道还能和儿子一起烤肉，不知道还有这样的峰回路转，更不知道在今天和那一天之间还隔着多少个夜晚。通过监狱的电话联系了18年，这个父亲笑时总会露出牙齿。镜头仿佛未卜先知，一直拉近，拉近到你可以从他的笑容里读出一些非常原始的东西——那不是兽性，而是生存的欲望。镜头拉近到他嘴巴时，那口白牙让人感到一阵伤感。

这个意象从影片一开头就出现了，然后一直延续下去，贯穿了整个三部曲，它让我们更深一层地感受到那个世界，感受到其中的痛楚。河泥里拽上来的那辆自行车在审判之后又出现了，它被人丢进一辆小货车，最后也许会被扔到证物房某个黑暗的角落。镜头还给了杰西监狱里那个钢制马桶一个长时间特写。杰西往上面擂了一拳，受伤了，但没有骨折。"如果你的手还能动，那应该没骨折。"如果你还在呼吸，那就没有死在牢里。如果还敢露出牙齿，那就还会笑。如果还在笑，那就还活着。

导演把这些镜头交织起来，只是有意无意地想让观众从不同角度生出怜悯来，你因此贴近片中的每一个人物，也因此感受到他们每一个人的痛苦。这种拍摄视角经过了深思熟虑，十分敏锐，它捕捉到了庭审期间那些父母脸上颤动的痛苦，也捕捉到了基彻尔手下一个警官在证人席上那一丝转瞬即逝的疑惑。这个警官的眼神在那一刻忽然闪烁了一下，仿佛是意识到自己一定搞错了什么，然后对自己可能不小心揭露了整个司法系统的马脚而惊恐不已。不过这一幕只是再次说明：审判台上，每一个人都紧张异常，哪怕是那些此时看上去得意洋洋的警察。人人都在害怕着什么。

影片还成功地捕捉到了法庭上另外一些细微的怪异瞬间。这场审判的终点是你无法认同的死刑判决，而在过程中，镜头却不断地呈现出一种令人不安的漫不经心。人生不是每时每刻都能活得顺其自然的，这几部片子深得此意。戴米安对坐在边上的律师说，法庭问询太漫长了，他就要失去耐心了。他解释道，自己是喜欢白日梦游的人，现在只能对问自己的问题保持一半的注意力。

"没准他们也就想杀半个你而已。"他的律师回应说。

戴米安笑了。镜头推近，就像在向他提问：你怎么还能笑得出来呢？镜头接下来在戴米安脸上停了好一会儿，仿佛要把这个问题强加给所有观众。这个时候戴米安应该怎么回应呢？什么样的回应才是合理的，是可以接受的，甚至是体面的？既然做什么都不可能合理，戴米安为什么不能发笑？就是笑了，又有谁会关心呢？

镜头里，戴米安和詹森的表现其实就是少年该有的样子。说到被捕的那一晚时，他们咯咯地笑起来。他们说，其实两个人那晚不过是窝在沙发上看电视。"那些猪猡一脚踹了进来。"戴米安说。两人摇着头，好像至今都不相信那是真的。他们笑了。11。人们都笑了。这整个事件里，有一部分对于戴米安和詹森而言仍然像是一场虚构的电影，直到两人站在法庭上的那一刻，依然显得有点荒谬。那晚戴米安和詹森试图关了灯躲进卧室里，但他们并没有躲过警察，更没有躲过接下来18年的徒刑。

羁绊

这些男孩之间有着深厚的友情。在释放三人的那场庭审中，詹森递交了一份认罪书，承认了自己没有犯过的罪，好去救戴米安的命。（戴米安是三人里唯一被判死刑的。）戴米安在被释放后的新闻发布会上感谢了詹森的这份情谊。将近20年后，他们才又一次拥抱在了一起。很难想象这拥抱是什么感觉，是亲密，还是勉强。差一点死掉的你抱着另一个差一点死掉的人，他活着，你也活着，而且你们现在都是自由人了。最后，他们越过麦克风尴尬地抱了一下。

戴米安回忆录的结尾一幕十分简单。有一天，他在监狱里偶然瞥见了詹森的身影。那是 2005 年，他们都被关在瓦尔纳教养院，就在派恩布拉夫边上。那时他们已经多年没有见面了，直到有一天，詹森突然出现在玻璃墙的另一侧。"他招了招手，笑了，"戴米安写道，"然后像个鬼魂一样消失不见了。"这是令人伤感的一幕，因为什么也没有发生。他们之间只有一面玻璃墙，一次隔着墙的挥手。然后，一个鬼魂般消失，另一个继续饱受记忆纠缠。

当他们还是男孩的时候，戴米安和詹森有整个世界可以去叛逆，有那么多街机游戏等着他们玩，那么多宵禁可以去闯，那么多拖车排着队被弃在荒野等他们，有那么多充满愤怒的音乐激荡着他们的心灵。那么多的音乐啊，屠杀乐队①、金属乐队、超死乐队②。在戴米安的回忆录中，被描述得很完美的东西只有两样，他和詹森的友谊，还有他俩对于音乐的爱。他们活在音乐里，他们永远都是黑暗卧室里两个蜷在沙发上的男孩，渴望着音乐，等待着陷入孤独。

和所有人一样，我在想象自己的生活时，总会带上相应的旋律。一段音乐能让我的人生故事浮现在脑海里，乐声的渲染则会把这些琐事重新编织成一出悲喜大剧。当金属乐队的音乐在影片讲述戴米安的人生故事时响起，我心中浮现出了这种膨胀的情感。这个故事中满是滚滚而来的大拖车，污迹斑斑的大货车，还有黄色的犯罪现场警示条，它们曾经在风中翩翩起舞。影片把这首曲子和戴米安联系了起来，也许它是他经常听的一首，但他自己也许从未想到过引发这样的联系的原因。这样的一种联系也不会在牢狱生活中给他带来半分安慰，因为在监狱里是接触不到音响的。这首曲子既不会让戴米安有所感触，也不能让他多一些释然，因为这首曲子此刻只和**我们**有关，因为我们才是那些看电影的人，看这部关于戴米安人生的电影。金属乐

---

① 屠杀乐队，美国鞭挞金属乐队。

② 超死乐队，美国鞭挞金属乐队，与上文的屠杀乐队、金属乐队、炭疽乐队同被称为"鞭挞金属四巨头"。

队那狂飙突进般的吉他和弦实际上与戴米安的故事已不那么相关，它属于**我们**这些看电影的人，它为我们讲了一个故事，我们为这个人而心碎的故事。

理由

　　杜鲁门·卡波特在《冷血》[①]这部非虚构犯罪文学始祖作品中，呈现了一个绝妙的叙事悖论。卡波特的故事中，几个人杀掉了整整一家人，但最后人们却发现他们除了劫财以外，毫无其他动机。这等于在死亡之上又加了一层死亡，因为它取消了可以解释死亡的情感框架，从而让死亡变得毫无意义。全书的中心人物，杀人犯佩里·史密斯被描述为"无论有无动机，成为冷血杀手都是他的本能"。"无论有无动机"，这样的说法令人不寒而栗。

　　如果悲剧可以追本溯源，可以用情欲、嫉妒、仇恨或者复仇去解释，这会令人轻松许多。我们可以把犯罪者亢奋的情绪冲动和残酷的罪行联系起来，宣称两者有因果关联，这里头有些东西是我们能够将犯罪者视为人类的关键。只要找到动机，我们在因这些人而感到愤怒的同时，从某些意义上也能理解他们，因为我们自己也有类似的想法。

　　"我认为没有动机。"第一部片子里，有个人在镜头后面说了这样一句话。这时候镜头正聚焦在那片林间空地上，拼命往地面上凑，一直拉近到地上那些虬结的树根和干结的土块上，寻找着那个神秘无踪的动机。但人人都需要一个解释，父母需要，记者们需要，检察官更需要。因为这里没有动机可找，所以另一些动机就被人搜寻出来了。媒体说那是一场"撒旦教的狂欢"，父母们认定动机是魔鬼崇拜。戴

---

① 《冷血》，杜鲁门·卡波特所著非虚构犯罪小说，出版于 1966 年，以 1959 年发生于堪萨斯州的赫伯特灭门案为主要素材。

米安将西孟菲斯称为"第二个塞勒姆"[①]。

"我们给自己讲这些故事，因为我们想活下去。"琼·狄迪恩写道。她意指受到了惊吓的人们需要一个解释，人人都需要。有位牧师记得戴米安对他说过，自己是无法被拯救的，因为自己从来没有真正相信过《圣经》。戴米安自称是一名威卡巫士[②]，他解释说这个概念建立在"人与自然之间的包容关系"之上。听戴米安说这些的时候，我情不自禁地想到了那片树林，想到那三个被反绑着躺在地上的男孩。在他的话里，我听不到罪责，但却听到了另一种东西，一种让我面对悲剧时可以把一切凑在一起，让一切能说得通的东西。我花了很长时间琢磨，那些陪审员听到这些时是怎么想的。那些陪审员都是谁呢？他们害怕的是什么？他们施加于无辜之人身上的那一句"有罪"，到底给予了他们什么？

在看这几部片子的时候，换位思考对于观众而言成了一种道德上的义务。当你开始对其中一些人的痛苦感同身受时，你需要马上提醒自己应该面对另一些人同样深重的苦难。因为在片中，这种同理心是罕见的，这可以理解。死去男孩的父母所承受的痛苦是如此真切：全身起皱，长满蝇蛆。一位母亲如何能够承受这些？他们只能选择怒火焚身，就像那个用牛仔靴踩火的男人。

这些悲伤的父母被愤怒包裹，这是他们唯一的庇护之所。他们没有多余的精力可以匀给同理心，诅咒成了他们的日常，他们也诅咒那些"生下他们的母亲"，但这些母亲同样也备受煎熬。

相反，只有三个被定了罪的人在用理智和同情面对这些痛苦和愤怒。戴米安一直想着那三个死去的男孩。"他们不该受这样的苦。"他

---

① 塞勒姆女巫案，1692 年发生于马萨诸塞州塞勒姆镇，后蔓延至整个埃塞克斯郡的猎巫案，19 人以巫术罪被判绞刑，近 200 人服刑，其中数人死于监狱，另有多人死于私刑。该案于 1711 年平反，但受害者直至 1957 年才获政府道歉。

② 威卡，20 世纪出现于英、美两国的一种新兴宗教，以巫术与鬼神崇拜闻名，以大量前基督教时期欧洲的巫术元素为原型，男性成员自称为威卡巫士。

说。戴米安被捕几个月后，他的儿子出生了。

"我常常感到愤怒，"詹森在入狱几年后说道，"但却不知道该恨谁。"

詹森的话准确地点出了到底是什么在困扰其他人：悲剧发生了，却没有元凶；人人满腔怒火，却无处发泄。第一部片子里有这样一幕，当采访者问詹森想对受害者家庭说些什么时，他轻轻地摇了摇头，看上去只有腼腆，就像一个男孩被问到自己喜欢的女孩子一样。詹森最后轻轻地说道："我不知道。"当每个人都荒谬地确信自己有话可说时，这样的回答似乎是正义面临尴尬的一刻。在这样一个世界，妄下断言是理所当然之事，渴望指责别人、渴望泄愤是理所当然之事，哪怕找到的对象只是一张魔鬼的符咒，或者一个替罪羊。现在，每个人都在指控这个男孩，说他杀害了另一个男孩，这个男孩却说："我不知道。"

几年以后，剧情继续发展，詹森终于有话可说了。可什么叫有话可说？到底还有什么话可说呢？他已经承受了牢狱之苦，被揍过那么多次，一根指骨已经断了。

但詹森确实有话可说。他对受害者的家庭说，他理解他们恨自己的原因，但自己是无辜的，如果死的是他弟弟，他也会想去恨什么人的，但他是无辜的。詹森说了两次"无辜"。

我为什么这么关注詹森呢？这个男孩给了我前所未有的触动。在第一部纪录片里，詹森看上去那么小，在第二部、第三部里，他还是如此，即便已经开始秃顶。而且，他长得有点像我弟弟。"如果死的是我弟弟。"他这样说过。这也许就是原因。血亲就是血亲，这是一种深入骨髓的记忆。也许正是因为如此，我不忍隔着警车的后窗看到他那张脸，不忍看着他被押离法庭，不忍看他戴着手铐被塞进警车时那种从容的身姿——经过几个月的练习，他早已习惯和这副手铐一起生活。看着他的身体如此流畅地适应了它的枷锁，这令人痛彻心扉。

尾声

三部曲的最后一部名为《炼狱》。在奇迹发生、三个人于最后一刻获救之前，这个片名就定下来了。《炼狱》没有改变前作里的主要内容。地检署依然叫嚷着"11"，三个男孩依然坚持自己是清白的。但有些东西改变了：约翰·马克·拜耶斯也开始承认这三个人是清白的，新的基因证据给拜耶斯的想法提供了依据。现在他的卡车后窗上贴着一张支持为"西孟菲斯三人组"翻案的贴纸。拜耶斯在电视采访中还是一如既往地坚持着以前的行事作风，但观点开始变化。"他们是无辜的，"他现在这么说，"这是冤案。"拜耶斯也老了。我没法忘记第二部里的那一幕：拜耶斯用那双牛仔靴猛踩火舌。"你想啃我儿子的蛋？"为什么他改变了想法？真心还是假意？是真的放弃了从前那些表演，还是只不过开始了另一种表演？这很难说。梅丽莎·拜耶斯已经死了。帕姆·霍布斯依然无法完全相信这三个男孩是清白的，但她也认为案子也许需要重审。我们没在片子里看到陶德和黛恩·门罗，他们已经不想和这部纪录片有什么瓜葛了。

西诺夫斯基和伯灵格2004年开始启动第三部纪录片的拍摄工作，但挣扎了八九个月后，他们什么也没拍出来，因为已经没什么可拍的了。他们本来想在第三部里展现这么多年后关于三个男孩的物是人非，但并没有多少变化可拍。杰西在他的光头顶上文了一个没有指针的钟面，那是停滞不前的时间。当然了，在某些方面，时间怎么会停滞不前呢？戴米安结了婚，和一个他与之通信多年的女人。两人在监狱里以佛教仪式举行了结婚典礼。詹森告诉拍摄者，他还是过着自己的日子。"总要尽力而为吧。"詹森说。这是他学会去相信的东西，因为如果不这样，他没法活下去。

尾声之后的尾声

马萨诸塞州的约翰·弗洛伊德是美国最早因为巫术被控有罪的人之一，也是其中唯一一个男性。弗洛伊德有七个孩子，在一个叫罗姆尼湿地的地方拥有些土地。1692 年，约翰被关进了一处地牢，那里后来被称为塞勒姆巫师地牢。对弗洛伊德的指控里有这样一条：一个女孩拿起他碰过的布，然后就昏了过去。几个世纪以后，情况是这样的：三个男孩身穿黑衣，人们昏了过去；他们喜爱的音乐响起，人们昏了过去；三个男孩流了血，人们昏了过去。丹佛一座献给被指控使用巫术者的纪念碑上有这样一句话："承认你是魔鬼的孩子，你就可以免于绞刑。"戴米安、詹森和杰西因为阿尔福德答辩得以获释，但这也意味着他们还是在法律上认了罪，承认陪审团有足够的证据给他们定罪。

有一点很有意思，这三部纪录片不只是整个故事的一份记录，它们自己也成了这个故事的一部分。这听起来像是物理学里的观察者效应：你不可能在不干涉对象的情况下观察一个物体。三部片子把整个案件带进了公众的视野，让很多民众为之义愤填膺，接着给三个男孩带来了一大群名人支持者，这些人多年来一直为法律辩护和申诉提供资助。因此，这不是一则三个穷孩子遭遇飞来横祸然后获得解脱的故事，而是三个穷孩子遭遇飞来横祸，然后得到一大笔钱，最终逃出生天的故事。如果没有这三部纪录片，三个男孩也许永远无法重获自由，因此这三部纪录片实际上成了故事结局的撰写者之一。

詹森一开始拒绝了阿尔福德答辩，因为他并不愿意就此承认那些指控，多年以来，他从来没有承认过自己干了那些事。但詹森最后还是签了答辩状，为了救戴米安的命。"承认你是魔鬼的孩子，你就可以免于绞刑。"只有人们忏悔，魔鬼才会被封印。忏悔是罪行存在的证据，这样的忏悔依然把他们和沉落在卡车场边湖底的那把锈刀联系在了一起，罪恶依然铭刻在杰西光头上的那一圈文身里。时间没有改变任何东西，魔鬼依然存在于人的身体里，在这三个人的身体里，三个被困的身体里，直到他们获释。我们依然面对这样一种人之本性：它如此固执而粗暴地想要把伤痛转嫁给某人，如此渴望去指责某人。

第三部纪录片的尾声让我们的心为之振奋。神在制度之上、法庭之上、戏剧之上。我们看着戴米安和他的妻子一起离开了，看着詹森又回到了母亲身边，她看上去比20年前还要憔悴很多。我们知道杰西和父亲一起吃了烤肉，脑袋上那个钟面也终于文上了指针（时间是下午1点，他走出上诉法庭的那一刻）。我们知道戴米安和詹森会如他们自己所说，像两个摇滚明星一样与艾迪·韦德在孟菲斯大酒店狂欢庆祝。这一切仿佛是个奇迹，而我们还想了解一些更加具体的东西：外面的阳光会让他们有什么样的感受？红酒呢？汉堡包呢？可以自由选择怎么消磨一天的时间是个什么感觉？詹森会去迪士尼乐园吗？会带上他的孩子吗？他会有孩子吗？我们要问：三个男孩从阿肯色州州立管教所瓦尔纳分部出来以后，去了哪儿？我们要问：谁没能离开？

关于女性痛苦的共通性理论

巴士上有个年轻女人，一脸痛苦，眼睛里闪着紧张的神情，就像只美丽的母猿……她转过头对我说："我的嗓子疼，你感觉到了吗？"

——罗伯特·哈斯《意象》

在世界的各个角落，我们都能找到一个受伤的女人：

哈维沙姆小姐[①]一直穿着她的婚纱，直到它被烧成一团灰烬。新娘会和婚纱一起凋零。贝琳达[②]被剪去了头发。"神圣的头发（已经）掉了下来 / 从那美丽的脑袋上，永远地掉落了，永远！"诗歌由此走向高潮："迷人的秀发 / 它将新的荣耀加诸那闪耀的天宇！"安娜·卡列尼娜被抛弃了，遍体鳞伤，于是选择了朝着火车纵身一跃。她通过离开一个男人换来了自由，但这自由不过是选择去依赖另一个男人的权利，依赖一个根本不愿待在她身边的男人。《茶花女》里的薇奥蕾

---

① 哈维沙姆小姐，狄更斯小说《伟大前程》中的人物。

② 贝琳达，亚历山大·蒲柏长篇讽刺诗《夺发记》中的人物。

塔仔细端详着镜子里那张苍白的脸，病痨又动人，就像一个眼神中充满狂热的白色鬼魂。《波西米亚》里的咪咪走向死亡时，鲁道夫说："你美得就像一道朝霞。""你不该这么比喻，"咪咪告诉鲁道夫，"你应该说：'美得就像一缕夕阳。'"

在《德古拉》里，所有女人都是苍白的。米娜被吸干了血，然后被迫成了盛宴上的同谋："德古拉的右手捧住她的后颈，把她的脸压在自己的胸前。她白色晚礼服上满是血迹……他们俩的姿势如此糟糕，看起来就像一个孩子在强按着一只猫咪去喝牛奶。"玛利亚①在山里向美国大兵承认了她被强奸的往事："我一直挣扎，直到眼前黑成一片，然后，他们对我做了那些事。"然后把自己投入这个人的保护之下。"没人能碰你，我的小兔子。"那个大兵说。他的抚摸让从前的一切侵犯都因此得到了净化。玛利亚是另一只被男人按住的小猫。接下来会怎么样呢？再重复一次？离开一个男人换来的自由，只不过是选择依赖另一个男人。玛利亚的头发也被剪掉了。

西尔维娅·普拉斯②的痛苦变成了对她自己的一场屠杀："一个引擎！一个引擎！把我像一个犹太人那样燃烧掉吧。"父亲的幽灵变成了一辆列车，将她载往集中营："每个女人都会爱上一个法西斯/踏在脸上的大靴子，蛮子/蛮人的心献给蛮人一般的你。"每个女人都会爱上一个法西斯，或爱上一个猎杀法西斯的游击队员，或爱上一只狠狠踩在脸上的靴子，无论靴子的主人是谁。布兰彻·杜博厄斯③穿上一件邋遢的晚礼服，仰仗陌生人的善意度日。"新娘会和婚纱一起凋零。"男人们强奸她，为她发狂，为她去死。她落幕时的表演为自己点亮了最后一点辉光："她的红色缎袍上闪烁着一种悲剧特有的光彩，这赋予她的身体一种雕塑般的线条感。"她的身体是**被赋予的**

---

① 玛利亚，海明威小说《丧钟为谁而鸣》中的人物。

② 西尔维娅·普拉斯，美国 20 世纪 50 年代至 60 年代著名自白派女诗人，1963 年自杀身亡，下文的《爱丽尔》为其作品。

③ 布兰彻·杜博厄斯，田纳西·威廉姆斯所著剧本《欲望号街车》中的女主人公。

对象。这是什么意思呢？她存在的意义植根于这种悲剧色彩，她就是那一缕悲剧色彩最终渲染而成的光晕。

女性的痛苦让这些女人变成了猫咪、小兔子、夕阳、邂逅的红袍女神，让她们成了一抹苍白、一片血红或者一具枯骨，把她们投入死亡集中营或把她们的长发献给星辰。男人们把这些女人拖上火车，压在身下。在暴力面前，她们不再是人类，却在年复一年中老去。我们永远无法把视线从她们身上转开，永远在想着新点子去折磨她们。

苏珊·桑塔格曾论述，在19世纪那个"虚无主义与感伤风格"的黄金时代，文学的思考者们是如何在女性的痛苦中寻找灵感的："哀伤会让一个人物显得'有趣'，伤怀成了人物雅致、敏感的一种标识，人物因此变得柔弱无力。"而且这种形象很大程度上和疾病相联系，桑塔格写道："忧伤和肺痨因此成了同义词。"在这个时期的文学中，两者都成了人们渴求的东西。伤怀是有趣的，而疾病则如影随形，它不仅是伤怀的缘由，更成了伤怀的征候和隐喻，一个伤怀的人就等同于一阵痛苦的咳嗽声，一片苍白，一副弱不禁风的身体。"一个忧郁的人物往往卓尔不群，他敏感、充满创造力，并且正在死去。"桑塔格写道。疾病是"一种与之相称的虚弱……明确象征了一种具有吸引力的脆弱、一种异于常人的敏感，这越来越成为理想中的女性化形象"。

曾经有一段时间，我被人称作"伤痛囤积者"。这个称呼来自某位前男友，我不喜欢这个称呼，即使若干年后，它依然让我无法释怀。（这是一处伤痛，我把它囤了起来。）我围绕这个称呼写了些东西给一个朋友：

> 对于我身体上的大小病痛，无论是被人打伤的下巴和鼻子、早搏的心脏，还是瘸掉的腿，我都抱有一种双重意义上的羞耻感。一方面，我会问自己，为什么这些破事会发生在我身上？另一方面，我又会问自己，为什么我老是提起这些破事？

我猜自己之所以会一直在谈论这些东西，是因为它们就在那儿。这是对桑塔格观点的一个旁证。我们也许把受伤的女人变成了某种神化的女性形象，把她们的病痛浪漫化、理想化了，但病痛就是病痛，这么做并不能否定其真实。女人们依然受着伤害，心脏、骨头和肺，每一处都饱受摧残。我们怎么做才能既描述出这些伤痛，又免于美化它们呢？不去用一个古老的神话，将女性的创伤转化成天上的星座供人膜拜，比如："迷人的秀发／它将新的荣耀加诸那闪耀的天宇！"也不去伸长脖子好奇围观每一位走向死亡的女士。"走向死亡的女士"，这是一种贵族味十足的说法，它描述了一个憔悴的身影，掩藏着无尽的美艳。

谈论那些受伤害的女人时，我们都需要冒这样一种风险：她们的痛苦原本是女性经验的一部分，但我们很可能会以此来解释女性是什么，也许会认为痛苦是女人这个东西身上最精致、最脆弱的部分。古希腊戏剧家米南德①认为："女人就是一种永远挥之不去的痛苦。"他的本意大约是说女人本身是一种麻烦，但这句话也可以作另一种理解：成为一个女人，始终生活在痛苦之中就是你的**必然**，这种痛苦成为女性自我认知的基础，也成为女性命运永无尽头的主旋律。这一信条和《圣经》本身一样古老："我会加重你分娩时的痛苦，获得子嗣一事将与痛苦相伴而来。"

2001年，有一项名为"因痛苦而哭泣的女孩"的研究试图证明，当一个男人因某种病痛就医时，他会比女人得到更好的医疗服务，在同等条件下，医生更倾向于给女人只开镇静剂类药物。这种倾向尤其令人感到遗憾，因为女性实际对痛苦的感受更为敏锐。有理论认为这种感受上的差异与男女之间的激素水平差异有关，或者说，这一现象可以归因于以下事实："由于一系列女性的正常生理现象（比如月经和分娩），女性拥有相对而言更为丰富的疼痛经验"，因此，女

---

① 米南德，古希腊城邦时代末期的新喜剧诗人。

性之所以对疼痛更加敏感，是因为她们"能够从潜在的各种病痛中将这些来自正常生理现象的痛感区分出来"，而男性不必做这种区分。然而，尽管研究认为"女性在生理上对疼痛更加敏感，但是女性在向医生说明自己的痛感时，相较于男性患者，往往得到较少的积极回应"。"较少的积极回应"，研究报告对这一点有详细说明："女性的疼痛会被错认为源自'情绪'或'精神'问题，因此，它们是'不真实'的痛感。"

我的某位朋友曾梦到自己遭遇了一场车祸，她的庞蒂亚克跑车碎了一地，碎片上裹满了橘红色的花粉。"我的心理咨询师不断要我说明这些意象。"她在写给我的信里这么说，"最后，我终于脱口而出：我的伤痛内涵太丰富了！这场梦不过是冰山一角，这不过是我在为我的人生哭泣！"

创伤到底承担了些什么呢？这些内容为什么会潜藏在伤口之中？伤痛向我们承诺了很多真实而深刻的东西，美丽、稀有，而且令人垂涎。我们能够从痛苦中生发同情，能够从中认识到足够多的东西，甚至足以让我们将其诉诸笔端，因为痛苦中满是各种充满故事的伤疤，满是鲜活的哭泣之声。痛苦就这样以一种生动的方式向我们展示着各种精彩内容。

但是，在这些精彩之下，痛苦还是痛苦。痛苦留给我们的东西永远都在那儿，不会消失。不过，把这些内容看作我们可以主动获得的对象，这种想法是危险的。对于这种想法，也许一个更恰当的名称是"伤痛的召唤"，伤痛会引诱你，允诺你它难以给予的东西。但就像我的朋友哈利艾特告诉我的："'被表演'的痛苦依旧是痛苦。"

说完了上面这些之后，该怎么对你讲我自己身上的那些伤痕呢？
我的脚踝上有一块起皱发白的地方，医生曾从那儿拽出了一条蠕虫。我的大腿根上有一条长疤，我曾用刀片在那儿割了一刀。我的鼻子曾经被一个街头客打断过，但现在已经花钱修复，几乎看不出来了，除了一条细细的缝合线，医生曾经从那里切开，把断骨从陷进去的地方拽出来，然后重新缝好。我的上颌有几颗螺丝钉，一般只有牙医才会在 X 光片里见到。医生说这些螺丝钉会让金属探测仪为我报警——他说的可能是"金属探测仪**被我触发而**报警"，虽然我听到的是"**为我**报警"，就像打钟报时似的——但是这从来没发生过。我的心脏大动脉边上有一块组织一直在向外传送异常电信号。从 22 岁起，我就和这个坏掉的心脏为伴。有时候我想弄一件 T 恤写上这件事，好让所有人都知道。但在现实中，我的选择是去喝了个酩酊大醉，然后倒在第六大街中央，磕掉了膝盖上所有的皮。哪怕你完全无法理解这些伤意味着什么，你也看得到它们，我用不着穿上那件 T 恤你也看得到，因为血泡就在撕破的牛仔裤下面。我的足弓上有一道轮胎印形状的浅色瘀伤，这是一辆车从脚面上碾过去时留下的。我的上臂上还曾有过一道伤痕，后来不见了，是一个可爱的紫色新月形瘢痕。有个陌生人曾问到过它，我告诉他：我在面包店打工的时候，不小心碰到了一个面包托盘。我接着向他解释，那是个非常烫的托盘，刚从烤炉里拿出来。那个男人摇了摇头，他说："你应该为这处伤疤找个更好的故事。"

伤口 1

我的朋友莫莉总是在渴望伤疤：

> 5 岁的时候，我特别痴迷电视剧《杰姆》里的反派"坏家伙"，总是幻想自己也有一个坏家伙那样的伤疤。虽然我猜那只是化妆的效果，但我妈妈还是逮到我待在洗手间的梳妆镜前……想要用刀片在自己的脸上割开一道口子，弄出一条看起来很酷的伤疤。

最后，莫莉还是得到了伤疤：

> 我嘴上有两道疤，两道都是我哥哥的拉布拉多犬留下的。那只狗叫石墙杰克森，或者，就叫石墙。6年里，这条狗咬了我两次。第一次被咬的时候我只有6岁，而它还是条小狗。我12岁的时候又被它咬了，这次，玩闹变成了真正的攻击。两次都严重到需要缝针，一次两针，另一次二十多针……我非常清楚自己再也不是大家通常意义上认为的那种漂亮姑娘了，因为这种实实在在的暴力在我的脸上留下了痕迹。特别是要上高中的时候，这一切让我需要适应一种新身份：一个嘴巴上带着两道显眼疤痕的女孩子。

莫莉写了一首关于那条狗的诗："他好像能闻到血的味道／来自我的嘴巴。我们彼此都不能／阻止什么。"这就像在说，暴力是莫莉命中注定之事，她终将被某些东西袭击，无人能阻止这种扭曲的亲密关系，无人能阻止那道伤疤跑到她的嘴巴上。那条狗只不过觉察到了那个既已存在的伤口——一张满是鲜血的嘴——然后被它吸引，是狗让这件命定之事走向结局。"那一直在我的瘙痒里，"她继续写道，"腐肉被清理掉。留给我／一嘴的爱。"

伤口2

只要用谷歌搜索"我恨自残狂"，数以百计的搜索结果就会一下子涌出来，其中大多数都来自各种论坛："什么鬼？为什么这些货要干这种事？他们说停不下来，我想说，见鬼，难道是刀片自己割上去的？……"社交媒体上甚至还有一个专门的讨论组就叫"我恨自残狂"："本讨论组的准入标准如下：痛恨那些炫耀自残行为，并以割伤自己为趣事的 Emo^① 小鬼头。"这恨意让一种广泛存在的蔑视更加根深蒂固，其对象是"被表演"的痛苦，因为它不是一种真实且合理的感受。如果是这样，自残狂就活该被人痛恨（伤痛囤积癖），比自残这种行为本身更应该被人痛恨。让这些人被误解的并不仅仅是他们的行为，他们本身就是被人误解的对象。自残行为的辩护者会说："你应该超越这些伤口，去面对我们的灵魂，然后你就会看到我们到底是些什么人。"这种说法实际上把自残行为定义成了一种人格类型，而不仅仅是一种行为失范。在这种说法的引导下，自残成了人格的一部分，自我的一部分。

如果用谷歌搜索"不要憎恨自残者"，你只能得到一个搜索结果，这是一则帖子，来自一个名叫"你希望人们不去仇恨的东西"的留言板。"真的，这些自残或自焚的人最不需要的东西就是让一些愚蠢的吵架狂给他们贴上 Emo 这个标签。""Emo"这个词已经成了一个符号，用来指代对自身情感的做作表达，因为这些人做的事情就是表演自己的哀伤。人们都说，自残狂之所以自残，其实就是为了吸引旁人的注意，但我们为什么会加上"就是"二字？如果"吸引注意"与自私同义，那么哭喊着去吸引他人注意就成了一种终极犯罪，有了罪名，你就可以逮住犯罪者，将他定义为卑鄙之人。但是，渴求别人注意自己，这难道不是人类最基本的天性吗？给予他人关注难道不是我们所能给予的最珍贵的礼物吗？

有一个网络测试叫"你是真正的自残狂，还是只是觉得自残好玩？"。测试题是一系列陈述句，测试者需要根据自己的情况回答同意或反对。比如："我不知道你碰上麻烦的时候，心里的真实感受是什么，我只是喜欢成为大家注意力的中心而已。"自残这个禁忌被区分为不同类型，一类源自痛苦，另一类则只是为了作秀。憎恨自残

① Emo，原指朋克摇滚中被称为情绪硬核摇滚的类型，歌曲内容以叙述个人内心感受为主，现代英美社会将这一词引申，用于形容部分过度自恋、自怨自艾、外形具有夸张装饰特征的青少年。

者，或者说，憎恨那些自残表演者，这是为自残分类的人致力于在真假痛苦之间画下的一条界线。实际上，这些伤痛本就让我们既无能为力，也无法自拔，我们的能力也好，我们所扮演的角色也好，都没办法在真和假之间做出选择。在痛苦面前，我们真的有选择吗？我想无论你怎么回答这个问题，答案总是令人失望的。但是，憎恨自残者就意味着我们坚持着这样一个想法：我们可以选择。人们就是这么相信自己，相信自我意志的强大，相信存在于每个人心中的美国精神：自我的不断完善。因为这种想法，我们开始把"自残狂"脸谱化：自残是一种失败，自我满足上的失败，自残等同于故意攫取别人的同情，就像在寻找一条捷径，哪怕你根本就没有正面对抗过这些痛苦，你也有理由号啕大哭。

我也自残过，承认这一点让我觉得尴尬，因为这感觉不像是在表明自己承受过痛苦，而更像是在承认我曾经主动寻求伤害。但是，我竟然为此感到尴尬，这也让我痛恨自己。我的自残本身没有什么虚伪之处，自残就是自残，既不是什么可怖之事，也不是什么有益之举。我就是想割开自己的皮肤，然后就这么做了，仅此而已。这里头没有什么谎言，只有一个重复的问题：是什么让我想去自残？自残是一种瞬间的问与答：我想割开自己，因为我感到一阵不可名状的不快乐，而我想它也许会呈现为脚踝上的一条线。我想割下这一刀，只是因为我很好奇把自己割开会是什么感觉。我想割下这一刀，只是因为渴望感受到自己的存在，渴望通过这种类似于自我建构的方式，去拥抱自己哀伤的一面。

我希望在我们生活的世界上没有人想去自残。但另一方面，我也希望除了歧视自残和自残者，除了把自残理解为一种自我炫耀，我们能够更加直接地关注这种行为之下潜藏的各种诉求。自残者只是想去表达一些东西，认识一些东西。我们指望刀片、饥饿或性带来的流血和伤痛能够告诉我们某些东西。伤口形成之前，血已经流淌开；禁果出现之前，渴望已经存在。"我通过伤害自己来感觉自己的存在"，自残者总在重复这样的理由，但他们并没有说谎。让自己流血是一种实验，一种自我证明、自我了解，让深藏于内在的东西呈现在自己面前，而伤痕和疼痛则是这种实验留下的证据。我并不觉得自残多么浪漫，多么有艺术气质，但我的确认为这是一种见证自己的渴望。这让我思考，如果有这样一个世界，在那里，连伤痕和疼痛都已经无足轻重，不足以成为证据，那它会有个什么样的未来？

伤口 3

回忆厌食症最严重的时候，卡洛琳·科耐普写道，她有一次站在厨房里，找了个借口换衣服，当着母亲的面脱掉了自己的 T 恤，这样母亲就可以清楚地看到她那瘦骨嶙峋的身体：

> 我想让她看到这些，看到我胸前和肩膀上支出来的骨头，看到我那和骷髅没什么区别的双臂。我希望这些会让她理解很多我自己没法开口讲清楚的东西：我的痛苦……那是隐秘的愿望与恐惧的混合体。

在这段叙述中，罹患厌食症的身体变成了一系列符号（科耐普说道："我没法用语言描述这些痛苦，所以我用自己的身体来说明它们。"），又成了一种艺术品（"我的灵魂……就像这一副骨架雕塑"），每次读到它，我都有一种似曾相识的恐慌感。这种感觉的产生不仅源于科耐普所描述的那些意象——向外凸起的简笔画一样的肋骨，仿佛正在号哭一般的锁骨——还因为科耐普和我选择了同样的方法反驳这个世界：用一种文学化的口吻，不厌其烦地描述一具饥饿的身体。一个作家执着于相信饥饿是对焦虑最好的表达方式，这说法是不是似曾相识？我也曾采用这种方式来描写自己的饮食障碍，把它表现得非常诗化，将瘦骨嶙峋诉诸笔端时，选择用"绳结""马刺""肋排"这些词笨拙地描述身上最引人注目的部分。有个朋友读过我写的东西后，称之为"测绘仪式"，她说看这些文字时，好像能在字里行间看到一个热衷于"让血管和肌腱在纸面上摊开"的作者。

这是一种表达上的恐慌：我们一定要把这一切弄得那么形式化吗？但在这种恐慌感之下，我依然记得，即使表达本身是形式化、格调化的，饥饿依然是一种痛苦。刻骨的痛感是这种感觉的根基，当它到来时，你能感受到无边的痴迷。你渴望讲述这种痴迷，这本身就是一种症状，但同时也是一种治疗方式。无论这些描述有多么诗化、多么抽象，你能言说的一切最终都会指向一个简单的根源：痛苦。

所以，关于科耐普的整场厨房骨架秀，我最想向它那无果的结局致谢。科耐普的妈妈根本没注意到这段表演的最关键之处：一身瘦骨。直到她和父母坐到餐桌前，狠狠地喝了一大杯红酒，告诉他们自己有一个问题时，这个话题才终于摆上了台面。在厨房透进来的阳光里，一身瘦骨安静而凄婉地哭泣。厌食症在这段描述里有如挽歌，有如神话，但当它靠梅洛葡萄酒和一段糟糕的自白才公之于众时，却显得如此愚蠢。

如果将身体诉诸语言会破坏我们和痛苦之间那脆弱的约定 —— 伤害自己，但是保持沉默；表现出痛苦，但始终闭紧嘴巴 —— 那么你想让对痛苦的"表达"获得相应的结果（让母亲注意到那一身瘦骨），下面这种做法才是对的：你应该让身体自己去诉说，为你诉说。但在科耐普的故事里，这样做毫无用处。我们希望伤口能够自行说明一切，科耐普就是这么做的，但每次到最后，我们还是要自己说出来，告诉别人："看那儿，就在那儿。"我们每个人都活在那样的诉求之中，背负着一身伤痛。下一次你会怎么做？说出你的爱。

插曲：题外话

我们人为地造出不同词汇来描述不同的痛苦：伤害（hurt）、折磨（suffering）、阵痛（ache）、病痛（trauma）、焦灼（angst）、伤口（wounds）、损伤（damage）。"痛苦"（pain）如此宽泛，这一个词就可以容纳上面如此之多的词语。"伤害"意味着某些平淡却总是十分情绪化的东西。"焦灼"这个词所指模糊，但拿来打发一些难以准确描述、来由不明、十分主观的东西却是最方便的。"折磨"这个词则显得非常戏剧化，非常正式。"病痛"这个词总是与某种具体的、致命的现象相关，而且经常以"损伤"为结果。如果说"伤口"是人体表面的破损，那么"损伤"则与人的基本构造相关，既不可见，往往也无法逆转，通常还意味着个体价值的贬损。相比之下，"伤口"则总有未完成之感，已经受创但创处却还没能愈合，用这个词就像在暗示着现在和未来之间依然存在着各种可能性。"伤口"一词总与孔洞有关，总带着性的意味。一个伤口意味着内部和外部之间存在着通路，代表着身体某处被洞穿，暗示着皮肤被打开了一道口子，而隐私则将受到外界窥探的侵犯。

伤口 4

安妮·卡尔森①有一首题为《玻璃文章》的诗，讲述了一段风流故事的结局。在诗中，卡尔森描述了一系列幻象的降临：

> 在我的每个清晨都会有一个幻象来访。
> 我知道，它们只是来对我袒露的灵魂做匆匆一瞥。

---

① 安妮·卡尔森，加拿大著名女诗人，被誉为"悲伤的哲人"，2002年成为首位获 T.S.艾略特奖的女性诗人。

我管它们叫赤裸。

赤裸。女人依然孑立在山岭之上。

挺直身体，让风裹紧。

大风来自北方。

把女人的身体撕成短絮长条，扬起

飞到风中，踏上远行。

神经、血液和肌肉向空中绽放。

空洞的嘴巴里传来静默的呼喊。

记录痛苦让我痛苦，

而我不是一个夸张作态的人。

诗的结尾两句"记录痛苦让我痛苦，而我不是一个夸张作态的人"构成了一个对痛苦的双重声明：我很痛，但诉说痛苦让我痛恨自己。一个对伤口的声明中衍生出另一个伤口："记录痛苦让我痛苦。"但同时，诗人还是努力去记录下些什么，因为受伤的自我是无言的，"空洞的嘴巴里传来静默的呼喊"。

如果伤口意味着身体向外敞开，那么诗中的女人本身就已经变成了一个巨大的伤口，"神经、血液和肌肉向空中绽放"。在整首诗中，这个女人与十二种以上的伤痛联系在一起：困在荆棘牢笼里的女人，被草叶撕成碎片的女人，一根银针把女人的肉体一片片剥离开来，变成了一叠卡片，"这些活着的卡片，就是一个女人活过的日子"。一个女人的血肉成了桥牌桌上的玩具，一个女人的血肉可以在一场伤心欲绝之后，像猪下水那样被从身体里撕扯而出。每一个"赤裸"都是一幕关于痛苦的活剧，怪异、惊悚、鲜血涂地。在诗作中，我们没有喘息驻足的机会，诗人不断地抛出一个又一个意象，让我们应接不暇，只有继续向前。

卡尔森诗集中的第十四个"赤裸"出现在诗作《上帝的特蕾莎》中。"特蕾莎活在她一个人的黑色号子里 / 我看到她每挪动一次，就会撞到一面墙。"当特蕾莎的心被"借走"的时候，她就死掉了，她的死亡是一个回应，那场贯穿一生的反抗与纠缠的结果："上帝向她的心脏送出了答案。"这首诗没有在特蕾莎的死亡处终止，而是徒劳地回应这场死亡："照片上的这一切 / 都是伪造的……镜头熔化在这一时刻。"熔化的镜头指的是，特蕾莎的生命无法从任何一个具体框架、任何一个具体的"赤裸"、任何一种受伤的姿态中得到永生。这个女人所受的折磨依赖我们这些读者的想象而存在，每一次，我们都需要运用自己"伪造"事物的全部本领构造出一个画面，去描绘她所承受的痛苦。

伤口 5

这部小说的梗概是这样的：女孩的经期来了，女孩受伤了，女孩被人嘲笑了。女孩的母亲从来没和她说过有一天她会流血不止。女孩被选为舞会皇后，却在一开始就被当头浇下一大桶猪血。女孩碰上了，**女孩承受着，女孩懂的**。女孩并没有被赋予什么，伤害就这么不断到来，直到一切终结，直到女孩变得和伤害她的人一样，去伤害那些伤害过她的人，用意志让这个世界在她的指挥下起舞，天翻地覆。

史蒂芬·金在《魔女嘉莉》中把月经作为伤痛的一面展现得淋漓尽致：这种出血本是自然的生理现象，但嘉莉却将其误解为一种病症。其他女孩子用卫生棉条丢她，对她喊"塞起来！塞起来！"时，嘉莉只能蜷进淋浴间的一个角落。甚至当体育老师注意到嘉莉因为这样一个简单的生理事实而心生抑郁时，也只是训斥她："成熟点，站起来！"这种指责掩藏着暗示：你应该忽视自己身上流出来的血，一个真正的"女人"应该视之如常。但另一方面，嘉莉的母亲却将这"血的诅咒"当作原罪的证据，她用一本叫作《女性之罪》的小册子一边狠命地扇女儿耳光，一边让她反复背诵："夏娃是弱者，夏娃是弱者，夏娃是弱者。"

我想，我们可以从《魔女嘉莉》那里学到些什么，这可以让我们更好地理解厌食症。这本书里并没有出现厌食症的情节，但我们能够从中隐约地发现一种我们在认识厌食症时的惯常逻辑：我们应该以流血为耻，努力让它消遁无形，努力否定自己身上的夏娃诅咒，否定自己身上天生的弱点、我们的欲望——需要被人认同，需要男人，需要一样又一样的东西。你的生理期就是你身上的伤口，如果生理期没来，那另一种伤痛就要到来了。有个朋友说，这种痛苦就是"在应该流血的时候，血却缺席了"。断食就是这样一种行为：它通过自我伤害的方式，试图排除身上的其他伤害，就像在月经到来时，试图用淋浴冲刷身上的经血。但是面对这一来自女性生殖本能的耻辱时，嘉莉选择了把它变成一件武器，她没有洗掉身上的血，血成了嘉莉的洗礼。她没有选择伤害自己，她选择伤害自己之外的每一个人。

《魔女嘉莉》的设定就类似一部关于女性焦虑的色情电影：做一个女孩意味着面对重重困难，你要面对周围人敌友难分的阴险局面，要一次次背叛自己的身体，要克服众目睽睽的恐惧，如果你能把这一切艰难险阻都转化成超能力，你会怎么做？在被血红色浸透的那一刻，在变成巨大伤口的那一刻，嘉莉的心灵感应能力也冲破束缚，从此成为真正的武器，仿佛经血在所有人面前从嘉莉的全身绽放开来，就像她对着所有人说"去你们的"，说"现在，我知道怎么控制我的血了"。

伤口6

罗莎·达特尔是个带着伤疤的悍妇。小说里，大卫·科波菲尔[①]在描述她时这样描绘这道伤疤："一道旧伤疤，或者说，更像是一道

---

① 罗莎·达特尔与大卫·科波菲尔均为狄更斯名著《大卫·科波菲尔》中的人物。

缝痕。"

罗莎年轻的时候爱上了一个男孩子，那个自私而邪恶的斯蒂福斯，他并不爱她。当恼怒的斯蒂福斯将一把锤子丢到她脸上时，这场纠缠走到了最糟糕的结局。这件凶器划开了她的嘴巴，"打那时起，她就顶着这个伤疤"。斯蒂福斯承认了一切。但罗莎并没有默默接受，"她会把这一切细细研磨，"斯蒂福斯说，"她浑身都是利刃。"

那道伤口确实成了罗莎的发声之处，伤口早已愈合，但嘴巴却总是合不上。因此，伤口就是一种语言。正如大卫所描述的：

> （那道疤）是她脸上最敏感的部分……当她的脸色转白时，疤首先变成铅灰色……疤的形状会越来越清晰，直到整条横贯在脸上，就像一道火烤显形的隐形墨水印……当她在我面前发怒的时候，那把锤子撞击留下的痕迹暴露无遗。

"或者说，更像是一道缝痕"，这道丑陋的伤疤成了让这个人物立体起来的关键，它像缝缀织物一样合拢罗莎·达特尔的皮肤，给了她应有的形状。这道伤痕因此有了内在的含义：一把锤子过去，这个女人的初恋傲慢地拒绝了她，此后对这个男人而言，她不过就像一件"差不多散了架的破家具……没有眼，没有耳，没有感情，也没有记忆"。没有眼，没有耳，没有感情，只有一道伤疤。这个女人剩下的东西就只有这道伤疤，"白色的疤痕一路切过嘴唇，在她说话时颤抖着，抽搐着"。

罗莎的疤痕没有为她带来别人的同情，也没有让她更加同情别人，除了苦涩，你能感受到的只有她身上那种复仇欲望。这道伤疤让罗莎变得敏感，却没有带来丝毫人类应有的温度。当斯蒂福斯再次抛弃另一个女人的时候，罗莎简直乐不可支，兴奋得就好像这个女人的哀伤让她享受到了性快感。当有人把那个女人的困境详详细细地告诉罗莎——"那个女人已经一败涂地，求告无门了"——我们看到罗莎"向后靠在椅背上，脸上透露出一丝狂喜，这些话对她来说就像是一场爱抚"。罗莎希望背负伤痛的自己能有一个同伴，她说："我会把这个女孩折磨到死。"对于斯蒂福斯的母亲，罗莎同样没有表现出丝毫的同情心，那是另一个被斯蒂福斯抛弃的女人。这让大卫震惊不已："你怎么能这么冷酷，怎么能对这个备受折磨的母亲无动于衷……"

罗莎打断了他，说道："谁又同情我呢？"

伤口 7

有一部电视剧叫《衰姐们》，讲的是一群女孩不断受伤害，又不断否认自己是受伤者。这些女孩不断和房租、男人以及各种背叛做斗争，挣扎着不去偷酸奶，挣扎着不让自己因为生活而顾影自怜。"你是个恶心的大伤口！"其中一个吼道。另一个则吼了回去："不，你才是个伤口！"这成了一场手枪对射：你是个伤口；你才是个伤口。这些女孩知道女人总认为自己是受伤者，她们把对方叫作伤口。

这样的姐妹随处可见，与其说她们是受伤了，不如说她们所受的伤害已经发展成了所谓的"后伤害"，她们已经从伤害中挺过来了。我不是一个夸张作态的人。上帝，请帮帮那些"后伤害"中的女人吧。我所谓的"后伤害"并不是指伤害本身造成了进一步的影响（我们知道，这些女人依然受着伤），而是指刻意对伤害的影响避而不谈。这些女人明白女性表达伤痛的方式被认为太过夸张，她们担心被别人认为是在小题大做，所以她们不是装蠢，就是装聪明。"后伤害"中的女人会拿自己受的伤开玩笑，或者对那些总是受伤的女人不耐烦。"后伤害"中的女人会学着自控，以避免一系列指控：不能哭得太大声，不能扮演受害者，不能一遍遍重复自己的"表演"，不能向人索要你用不着的止痛药，不能让那些医生找到一个质疑检查台上另一个女人的理由。"后伤害"中的女人会狠狠地搞那些不爱她们的男人，在那一刻，她们会感受到一阵淡淡的哀伤，或者只是一阵厌倦。她们最不愿意的，就是把这些事当回事儿，就是因为这些事而受伤。如果这些事让她们受到了伤害，她们就会没完没了地关心自己表现得好不好，能不能继续保持此前的姿态。

"后伤害"的姿态是一种能够导致幽闭恐惧症的东西，它让你每天都忙于掩埋痛苦，把一切看起来可能会被认为是顾影自怜的东西都讽刺一遍。我在女性作家笔下总能看到这种姿态，她们写的一大批故事都在描述对现实隐约不满的女人最终失去了对自身情感的感受力。痛苦无处不在，同时又无影无踪。"后伤害"中的女人知道，痛苦的姿态会被演绎成关于女性的有限和过时的观念，因此这些女人受的伤害拥有自己的言说方式：讽世、冷漠、自闭、酷而聪明。她们在某些时刻需要面对自己激动的情绪，想要自怨自艾时，这些女人一定会让自己挺住，让自己抽离出来。"或者说，更像是一道缝痕。"我们就是这样把自己缝合，成了自己想要的样子，然后打落牙往肚子里咽。

伤口 8

在一篇对露易丝·格鲁克[1]的诗集《收集的诗歌》所作的评述中，迈克尔·罗宾斯[2]这样评价作者："她是一位主流诗人，却总是站在少数派那一边。"他特别把"少数派"与痛苦联系起来："这里每一首诗都包含着露易丝·格鲁克的激情，隐含着露易丝·格鲁克的哀伤和痛苦，但是，只有身处其中的人才能真正理解和写出这样的诗歌。"我并不认同罗宾斯所说的格鲁克的"每一首"作品都有类似的特质，以及他所说的"隐含"一词的意味，但他上面这句评论中的一处转折却让我非常感兴趣。罗宾斯讲的这个"但是"，似乎在暗示只有在表现痛苦的时候，

---

[1] 露易丝·格鲁克，美国女诗人，2003 年成为美国国家桂冠诗人，2014 年获美国国家图书奖。

[2] 迈克尔·罗宾斯，美国诗人、英美文学学者。

格鲁克才能成为一个重要的诗人，而这种所谓的"少数派"则是格鲁克需要用智识与技巧来超越的对象，这样她才能成为真正的"主流"。

罗宾斯的观点深合我心，也令我感到沮丧。我发现自己已经陷入了一种两难境地：我厌倦女性痛苦，但对那些表示自己厌倦女性痛苦的人，我同样感到厌烦不已。我知道"受伤的女人"早已成了陈词滥调，但我也知道，女人们依然受着各种各样的伤害。"女性之伤已经过时了"这样的观点不仅令我感到厌恶，更让我觉得受伤。

格鲁克本人就给了我这样的伤害。在哈佛作家工作室求学时，我背诵了西尔维娅·普拉斯的诗，却没有从格鲁克这样一位睿智而强大的女诗人那里得到积极的回应。那时候，格鲁克要求我们每个人都背诵一首诗，我选了普拉斯的《爱丽尔》，这首诗就像它的第13行所说的，"一嘴黑甜的鲜血"，激烈，出人意表，饱含伤痛，却又令人感到自由。

但这个睿智而强大的女人却说："请不要选这首，我已经厌倦西尔维娅·普拉斯了。"好像这首诗让她痛苦不堪。

这让我意识到，也许每个女人，哪怕仅仅对西尔维娅·普拉斯一知半解，都会厌倦这个诗人，厌倦她诗作中的鲜血和蜜蜂，厌倦她诗作中那简直算得上是自恋的顾影自怜，这种自我同情使她在诗作里把自己的父亲比作希特勒。但是，我并没能成为这些女人中的一员。我从来没有学到这种知识分子女性应有的姿态：不要读《因痛苦而哭泣的女孩》。普拉斯注视着自己流血的皮肤，被她用刀子一片片割开的皮肤，而我深陷于她的世界："那一阵战栗——是我的拇指而非洋葱。"西尔维娅和我一样，我们都为那伤口的浓稠而沉醉——"拇指的残根，心的浆髓"——为它战栗，然后深感羞耻。

伤口 9

听听这个梦境吧：

> 房间很小，但你能想到的所有女人，你这辈子惧怕过的所

有男人——无论你和他只是在街头擦肩而过，还是仅在想象中相逢——还有你深爱过的所有男人，都被装进了这个房间……房间里有刀，女孩们被活剥，但仍然活着，有个女人在尖叫，但又试图在另一个女人面前装出无所谓的样子："看啊，他们对我的脸都做了些什么啊！"房间里还上演着截肢表演，一条大腿被硬生生地往下切……所有这些肠穿肚烂，生割活剥，这一切都可以发生在同一个人身上，而我们甚至不知道自己爱着这个人。

这场梦是这样结束的：最后，所有的女孩子一个接一个被活剥了个干净——"只不过是一些血而已，就和收拾畜生差不多"，很像卡尔森笔下的"赤裸"。这些躯体被丢出了大楼，还没等落地，看热闹的人就开始往上面泼油漆。她们变成了一道彩虹，她们成了艺术。

实际上，这个梦境组成了一本名为《为人当如何》的书。这本书的主角谢丽亚既是看热闹的人之一，也是其中一个女孩子。（这个人物与书的作者谢丽亚·哈提同名。）谢丽亚痛苦缠身，却始终在嘲笑一点：我们会把每一种痛苦向前推，让它变得更糟，直至糟得无以复加，然后让一切成为一个糟糕透顶的恐怖循环。相比于展示皮肤上的一条切痕，使用词语的最高级形式只是用一种更加抽象的方式去证明伤害的存在。这场梦境塑造了一个女人，她时刻关注着这些女孩怎么把痛苦变成一个笑话，她再拿这件事作为笑料。这个女人就站在你面前，浑身颤抖，鲜血淋漓，就像舞台上的一个怪物。然后，这个女人调高了痛苦的音响，强迫你的眼球去观看其中的一切。就这样，一具具肉体成了画作，而这种对于痛苦的极度渲染不断向前延展着。

大学时，我和一帮女孩一起参加了一个防身术班。我们围成一圈，每个人都要说出自己最恐惧的事情，一种诡异的关系就通过这样的仪式在女孩子中间形成了。当你把很多哈佛女孩围成一圈，那么每个人都会想跟前面一个人攀比，比谁说出来的东西更可怕。比如，第一个女孩说："我想，是强奸。"我们一般都会想到这个。这时第二个女孩就会说："强奸——然后被杀掉。"第三个女孩想了一会儿，然后说："轮奸？"第四个女孩预料到了第三个女孩的答案，早就想好了："轮奸，然后被人砍掉手脚。"

我没记住接下去说了什么（也许是白人性奴，或是色情凶杀电影），却清楚地记得这件事本身的诡异之处：我们坐成一圈，争当班里最好的学生，争着幻想出最恶劣的强奸，一群女孩子开始了头脑风暴，事不关己地想象着女性憎恶者犯罪时可以恶劣到什么地步。然后，我们笑成一团，当然，是因为自己的恐惧而笑——"有个女人在尖叫，但又试图在另一个女人面前装出无所谓的样子。"

每次把这个故事当成趣闻来讲时，我都会想起当时围成一圈的那些女孩子。我怀疑她们中是否有人真的曾经遭遇过那些可怕的事情。我们离开那间破烂的体育馆，继续着自己的生活，进入这个世界，最终遇到所有让我们惧怕的男人，无论是在街头擦肩而过，还是仅在想象中相逢。

伤口 10

我是在一连串妖姬之音的环绕中长大的：多莉·阿莫斯①、安妮·迪弗兰克②、比约克③、凯特·布什④、迷星⑤。她们的歌里写尽了一个女人可能会受到的所有伤害："我是一道喷涌的鲜血，套上一个女孩的躯壳。当他们的血液匮乏时，我流入他们的身体。我们就是用来流血、结痂、痊愈、再次流血，把每一个疤痕变成一个玩笑。哥

---

① 多莉·阿莫斯，美国摇滚创作歌手，以作品的情绪化与多样化闻名。

② 安妮·迪弗兰克，美国歌手、诗人，以作品的女性主义内涵闻名。

③ 比约克，原名为比约克·古蒙兹多泰尔，冰岛摇滚歌手、诗人、演员，以横跨电声、流行、实验音乐等多个领域的音乐创作闻名。

④ 凯特·布什，英国创作歌手，以电声和实验音乐以及其视觉系装束闻名。

⑤ 迷星，美国迷幻摇滚乐队，以另类音乐风格闻名。

们儿，你最好赶紧祈祷，我的血液马上就要喷溅而出。虚张声势地伸进我的嘴巴，绕到我的齿后，触到那些伤疤。我没告诉过你，当你不再给我打电话，我是怎么停止进食的吗？你只是厌食症迷恋的对象。很多时候，作为女孩的你，就是一块肉。我已经回家了。我好冷。"

对我的挚爱歌手，我更愿意直呼其名：多莉和安妮。多莉一遍又一遍地唱着"鲜血玫瑰"，除了把痛苦和美丽联系在一起，我想不出这个短语还有什么别的含义。每次听她的歌，我都会收获一连串的问题：为什么她要爬进这道深渊？为什么我们要把自己钉上十字架？这些歌本身就是答案。多莉就这样爬进了深渊，于是我们会困惑她为何爬进深渊；我们把自己钉上十字架，所以我们可以作歌长吟。

凯特·布什的《实验第五号》描述了一项秘密军事计划，它旨在设计出一种"可以杀人的声音"。"从母亲的痛苦哀号，到恐吓之下的尖叫，我们把一切都记录下来，放进我们的机器里。"这首歌内容如此致命，但同时也是一首摇篮曲："这就像坠入爱河，感觉上糟透了，但也会觉得不错，带着你走进南柯一梦。"当然，这首歌就是歌词描述的那首歌。这首歌让你觉得痛苦和愉悦在内心混合交融，就像裹进了一段爱情。当时我从未真正坠入爱河，而是一直在窥视、入侵别人的世界。我只是想象着自己一遍又一遍陷入那些实际上从未来临的痛苦，以此让我心脏上那一小块坏掉的肌肉得到一点放松。

在我的白日梦里，这些歌与最耸人听闻的煽情情节联系在了一起：我爱上的那个人死了；我被叫到病床边，那里有一个行将逝去的车祸受害者；我有一个名人男友，他出轨了，我需要独自养大我们的孩子——如果不是养大一个孩子，而是很多个，那就更好了。这些歌让我品尝各种伤痛，就像试穿一件又一件戏装。我渴望扮演歌里的人物，直到睡去；我渴望被杀害，然后复活。

我最渴望扮演的角色是安妮的那首《燕式跳水》中的死者："我想完成一次最好的燕式跳水，朝着鲨鱼环绕的水底，我要拽出我的月经棉条，然后开始四处嬉戏。"当女人开始流血，她和鲜血就画上了等号。她会受到伤害。嘉莉知道这一切是怎么回事，她从没把棉条塞进去，因此，鲜血溅染了周围的一切。"我不关心鲨鱼是否会将我生吞活剥，"安妮唱道，"我得到的礼物比活着更好。"这更好的礼物是什么呢？殉道，最后一次大笑，选择自己的终点，唱一首鲜血之歌。

我第一次听这首《燕式跳水》的时候距离月经初潮还有很多年，但那时我已经为这样的一跃做好了准备，准备好把我的初潮变成一件武器。我等待着那天，到终于拥有了属于自己的女性身体时，我就要立刻把它丢向一群鲨鱼。我迫不及待地想加入这一行列，去体会女性的挫折。生理期就像一个负担，月亮带来的负担，一张强行将你从伊甸园放逐的车票，一把通往父权王国的钥匙。在鲨鱼环绕中流淌鲜血，这意味着你拥有了被男人追逐的资格，有资格去期待、去失落、去堕落、去被物化，去拥有欲望或成为别人欲求的对象——你会拥有整个世界，会找到无数搞坏自己的办法。

很多年以后，我在一间面包房打工，老板有一组很喜欢的歌曲，她称之为"伤痛大杂烩"，每天都要播放，我们因此每天一边浸润在萨德①和菲尔·柯林斯②的歌曲之中，一边制作着心形红色天鹅绒蛋糕。我的老板说，每次听这些歌的时候，她都会想象自己站在某条尘土飞扬的高速公路的路肩上，被某个残忍的爱人抛弃——"只有我的背包和太阳镜相伴始终，"她告诉我，"当然，还有我的长发。"

我开始到处搜寻更多为伤痛高歌的女歌手。我问过男朋友对此有何推荐，他回了这么一条建议："上网搜索'你将我切开，我让自己一直流血'，这是电视里播过的最好的一首 bathos③。"我循着这条

---

① 萨德，原名海伦·弗洛萨德·阿杜，英国创作歌手，尼日利亚裔，以抒情摇滚风格与红色天鹅绒长袍装束闻名。

② 菲尔·柯林斯，英国流行乐创作歌手、鼓手。

③ bathos 一词出自亚历山大·蒲柏的诗论文章《诗歌的艺术》，指将庸常主题表现出独特魅力的作品。

线索找到了莱昂娜·路易斯 ①："你将我切开，我让自己一直流血，一直，一直流淌我的爱，我一直流血，我一直流淌我的爱，一直流血，一直，一直流淌我的爱。"每一段副歌都在结尾处回归主题："你将我切开。"这样的诗句也许是对爱的悲叹，也许是对爱的肯定；它相信在经受伤害之后，你还有爱上某人的可能，或者暗示着爱本身就蕴藏在伤害之中。这一切情绪就凝结在流淌的鲜血里，因此，这首歌成了自残者逻辑的另一个版本：**我之所以流血，是为了感受到些什么**。流血容纳着激情，它既是激情留下的证据，也是激情的最终归宿。这些鲜血淋漓的心痛之语并不会让我觉得不对劲，一切仿佛本该如此，情感在其中升华、提纯，变成更加瑰丽的形式。"最好的一首 bathos。"是的，确实如此。"把每一个疤痕变成一个玩笑。"我们已经这么做了。

但是，如果想严肃地面对这些伤疤，我们该怎么做呢？也许我们中的一些人从未听过这么一首曲子，从未从男友那里得到过这样的推荐，你甚至不知道什么叫作"bathos"。一个来自男人的玩笑，成了一个女孩子日记里的全部内容；一个女人的心碎之事，成了另一个女人的一篇文章。也许这场流血，这段冗长的吟唱，产生的不过是一片荒唐透顶的混乱——"塞进去！塞进去！"——这样的混乱也许只是因为一切都尚未结束。"女人就是一种永远挥之不去的痛苦。"割开我，让我一直敞开着吧，我会一直让它们向外流淌的。我保存了莱昂娜·路易斯的这首歌，因为我坚持一点：我们从来都没有权力去否定这些歌词，哪怕它们陈腐不堪、文辞拙劣、内容荒谬，既老套又言过其实，演唱它们只是为了参加比赛。

为读者做我第一部小说的导读时，我坦白道："我总觉得自己就像个打碟的 DJ，不断把各种有关女孩烦恼的歌词混音。"我真的非常讨厌给自己小说的情节做归纳，无论何时人们问到它是讲什么的，我

---

① 莱昂娜·路易斯，英国创作歌手，成名于选秀节目《X 音素》。

都只回答："女人，还有她们的感觉。"我称自己为一个将烦恼进行"混音"的打碟者，这其实是先发制人。我觉得应该在将来的欲加之罪面前事先为自己辩护，这些罪名代表着世界上大多数人对我这本书的指责。我曾试着去认同安妮：我们不应该把每一处伤疤都变成玩笑。当我们说"这该死的伤害"时，我们不应该故作诙谐、选择退缩或者替自己说些事后诸葛亮的话，我们不应该去否认痛苦——"我知道，我知道，痛苦太老套了，别的女孩才会受伤"——我们不应该通过否认痛苦来面对那些古老的指控，来为自己辩护：做作、可鄙、自怜、索取怜悯、散播悲情。痛苦取决于你如何对待它，你需要从中找到一些有意义的内容。我想我的导读可以理解如下：一直流血，但是要在这鲜血里找到爱。

伤口 11

我有一次也写了一个关于伤口的故事，耶茨管它叫"盛着心脏的朽骨"，他就这样用一句诗把我的这堆破烂和骨头变成了自己的战利品。耶茨和我在艾奥瓦度过了一段绚丽的秋日时光，我们在古桥上喝着冰镇啤酒，在墓园里品着红酒，枕着靠垫写诗。我想，我爱上这个男人了，没准会嫁给他。然后，我们分手了，他甩了我。我知道分手这种事原本稀松平常，但那是我第一次碰见这种事，因此一直想搞清楚前因后果。在分手前几天的一个晚上，感觉到他有意抽身离去，我于是和他进行了一番长谈，谈论的话题是我年轻时得的饮食障碍。说实话，我真记不清自己为什么要那么做，也许只是因为我想让我们俩更亲近一些，也许是希望靠他的同情得到更多的关心，或者只是想通过讲这些旧事来让自己更加相信他。

在他离开我之后，我开始觉得那次交谈也许就是他离开的原因之一。也许他被我吓到了，吓到他的不一定是饮食障碍这件事本身，而是我如此直接地想要和他谈这种事，如此直接地想要觅取他的注意。

我非常想知道分手的原因,一开始是因为我想理解我们分手这件事,但到最后,是因为这样一个事实:我意识到自己只要去写我们之间的故事,任何一个小故事,写下来的东西都会显得非常牵强,由于我实在找不出这场分手的明确动机。无理由的痛苦是如此缺乏说服力,我们会认为它是一种刻意的选择,一种捏造。

我害怕写下关于我们的故事,因为那太老套了,我的心碎演绎也乏味透顶:喝得大醉,胡言乱语,和某个男人分享自己的感受,然后搞在了一起,再然后,在他的浴室里哭泣。有一个午夜,我摔倒在第六大道的路中央,给任何一个愿意停下来的人看我伤痕累累的膝盖。最后,每个人都会被迫告诉我,我比我的前男友更迷人,被迫告诉我,我的前男友是个混蛋,尽管他不是。

我告诉自己,这些事不是我专程跑到艾奥瓦作家工作室来要写的东西。伤心事写起来也许会"有趣",但像这样的伤心事只能说是无聊。我要是写这个故事,那里面的女主人公会是这么一个女人:她顾影自怜,纵情狂饮,深陷于自我毁灭一般的性爱深渊,痴迷于一个早已离开自己的男人。这样一个角色既不特别有吸引力,也没有任何深度可言。但是,她就是我。

在我可写的所有东西里,以一场酩酊大醉告终的心碎之事也许是最怂的内容了,但这份懦弱正是我想要写它的原因。我想要克服我的羞耻感来写这么一个故事,直面所谓的平庸、所谓的自怜,故事的结构暗示主角完全用她和男人们的有毒关系来定义自己。这样一个故事**就是**在讲一个女人如何因为男人而失去自我,并不仅仅是**看起来像**。这件事让我感到恶心,所以我要面对它,向前走,也许心碎之后的自我毁灭只是一个老套的苦情情节,但这是我的痛苦,**我自己的痛苦**,我要找到一种语言把它讲出来,我要把这一切写成一个好故事,好到可以让未来的读者认识到这些本被他们斥为做作、夸饰、充满了自怨自艾的女人故事同样有深刻的一面。当然这里面也有很现实的原因,因为工作室有截稿期,而我的脑子里除了这一场伤心事外空无他物,除了它，我不知道自己还能写什么。

　　我一开始写的是这个故事的结局，只有一句话："我心依旧。"我喜欢这个结局，因为它看起来那么真实，那么乐观（我心依旧！），但又充满了哀伤的味道（我的心依然承受着伤害，一如从前！）。我把那场关于饮食障碍的对话放进故事，这样读者就可以对一切来龙去脉一目了然——如果他们想知道的话——然后说："哦，也许这就是那个男人离开的原因。"我提到这场对话也是为了向读者说明，我笔下的角色之所以一步步走向自我毁灭，其根源并不是那场分手，而是一个更久远的伤痛：那种由来已久的不安会诉诸你的身体，诉诸某个男人，这种冲动就像一支始终在寻找目标的箭，永远寻找着能产生更多痛苦的办法。

　　我意识到，这无因的痛苦令人费解，而且写起来非常棘手，但它实际上才是我真正要写的东西。它令人沮丧，因为不能归咎于任何过往的创伤，也没法用它去指责任何人。因为这样一些模糊晦涩的忧伤似乎触及了女性固有的焦虑心理（厌食症、自残、痴迷于吸引男人），我开始认识到，这一切说到底都来自身为女性这件事本身。在不公平的环境下，它演变为一种深植于内心的羞耻感。这些自我毁灭的行为一半可以归因于你自己的选择，但另一半只能用诅咒来理解。

　　认识到这一点以后，我意识到这场分手给了我一个契机，让我能够用它来解释一些自己也捉摸不定的不安感。我内心的一部分开始承认，我执着于饮食障碍的故事只不过是想要给这场分手找一个因果逻辑，尽管实际上它并不存在。我的前男友其实早就想离开我了，早在我和他剖白任何事之前。但是，我发现自己有种趋向——总想通过描述自己的某些痛苦去强迫男人做什么事，同时又因为这种想法而惩罚自己。惩罚包括让自己陷入一种想象：我的自白把那些原本想要亲近我的男人推开了。每当我用这种逻辑折磨自己，我的情感世界就能回到那种令人安心的秩序之中——因为我这么做了，所以它就发生了，所以我受到了伤害。

与此同时，这项写作任务让我无比紧张。我会被称赞为天才吗，还是一个可怜人？我只能谨小慎微地写每一个字。我还记得在第一批作品评语中有此一问："这个角色到底靠什么谋生的？"某个哥们儿用一种反感的语气如此问道。他说，如果这个角色有工作的话，赚取读者的同情没准还更容易点儿。

插曲：题外话

上面这个故事成了我的处女作。一些陌生人有时候会写信给我讨论这部作品。有个来自亚利桑那的女人把书里的一部分文字文到了背上。男人们说，这个故事能够让他们更好地理解和同情那些女性情绪。这些男人在信里谈他们的恋情，他们说那些以前看起来像婊子一样的女人现在看起来似乎应该作另一种理解。有个大学男生写信给我说，现在他更能"弄懂"那些姑娘了。我想他说的就是"弄懂"。另一个哥们儿告诉我："我总是弄不懂女人是怎么想的，她们总想控制我。"

有个来自夏威夷的地产经纪人写信跟我聊他的妹妹。以前，他对妹妹和男人们之间的痛苦纠缠丝毫不感兴趣。"我知道你的目标并不是教男人去认识女人的内心世界。"他说，读完了我的故事之后，他觉得能对妹妹的自我毁灭倾向更加感同身受了，"至少弄懂了那么一点点。"读到他这句话，我感到了一阵激动。我的痛苦就这样从我的身体里延伸出去，一直延伸到了太平洋的深处，延伸进热带的夏日艳阳之中。

可是，即使写下了这么一个故事，写作并没有让我从那场分手中更快地复原。很可能，恰恰相反。这场分手的结局是我把这个前男友写进了我的传奇，围绕这个神殿似的框架，我构造着自己受难者的形象。不过，写这样一个故事让我把那场分手编织成了自我的一部分，然后它从我这儿延伸出去，直到触及他人的生活、他人的痛苦。

那么，我会不会对前男友是否读过这个故事有所好奇？是的，我还是很想知道。

伤口 12

大学一年级那年的暑假，因为一场下巴手术的愈后处理，我的嘴巴被缝了起来，有 2 个月没法说话。事情发生在哥斯达黎加的云雾森林，我从足足 20 英尺（约 6 米）高的一棵藤蔓上摔到了地上，伤到了上下颌骨间的韧带，骨头都变形散架了，需要做手术才能把它们整回去。手术之后，这些七零八落的零件都要靠下巴上的螺丝钉才能拼在一起，因此，当时我不能说话，也不能吃东西，只能通过牙齿和颌骨之间开的一个小洞吮吸功能饮料。那段时间，我在黄色便签上做笔记，不停地读书，而且想着怎么把这些经历记录下来，拿去发表。我甚至已经想好了这部回忆录的题目——《一张脸的自传》。

在这个过程中，我读到了露西·葛瑞丽，她的回忆录就叫《一张脸的自传》，讲的是她在儿时得了癌症，因此被毁容。我读到这本书是在一天下午，此后我读了一遍又一遍。对我来说，这本书中最具戏剧性的内容并不是葛瑞丽从疾病中康复的过程，而是另一点：一个女人想要为自己重塑身份，拒绝让脸上的伤痕定义自己。一开始，葛瑞丽认为自己的脸就是一个巨大的伤口，而整个世界都只与这个伤口有关：

> 伤口变成了一个奇点①——我的脸就是我，而我是丑陋的——一开始，这一点还是让人无法接受……但很快，脸代表了一切……一切东西都只和它相关，由它而来——我自己的人

①　奇点，宇宙学中用以描述宇宙大爆炸最初的起点，一切时间、空间与物质都源于此点。

格在我的脸上走向消亡。

这就是一道伤口带来的危险：自我被伤口本身取代（人格走向消亡），被伤口彻底包裹，失去与外界的一切联系（一切东西都只和它相关）。伤口能够重塑自我，把自我限制在单一角色之中——阻碍你的视线（比如，看不见别人的痛苦），钝化你的同理心。嘉莉没能帮助任何人，罗莎·达特尔则浑身是利刃。

在一切发生之前，葛瑞丽一直渴望着伤痛带来的身份转变。当病痛从天而降，她最初仍抱着一个小女孩的心态开开心心地看待这一切："我身上有个东西竟然真的坏掉了，其实这个想法让我特别兴奋。"这就像莫莉因为期待着自己变成坏家伙，拿着刀片对准自己的脸划下去。几年以后，这些手术仍会给葛瑞丽带来安慰，因为这时候也是大家最关心葛瑞丽本人的一段时间，因为这时候，与病痛相比，脸上留下的丑陋印记不过是一种小折磨。"手术让我得到了些关心和安慰，而我不是不会为这种情感的舒适感到羞耻，"她写道，"这是否意味着我喜欢手术？我活该受这些罪？"

我在这种羞耻感中看到了一种文化偏见：我们应该默默承受痛苦，我们和痛苦之间应该只有抗争这一种关系。哪怕只是稍微跨出一步，甚至只是想着去感受与痛苦相伴而来的东西，都会让我们觉得自己是可耻的。所以，我最爱葛瑞丽的地方，是她真诚地面对自己身上的病痛，面对它的全部，她不害怕。她告诉我们，自己和这些手术之间存在某种融洽的关系，而这种融洽让她觉得不舒服。她告诉我们，她一次又一次地想让自己在面对这张脸的时候感觉好一点儿，但却做不到。她告诉我们，她没办法赋予这样的丑陋任何意义，没办法让伤痛产生其他任何东西，她只能通过量化这些痛苦，量化旁人的关心来得到些许安慰。当然，当葛瑞丽去做这样一些忏悔时，伤痛确实更具意义了，它催生了一种坦诚。因此，她的书是美丽的。

从还是孩子的时候开始，葛瑞丽就学着做一个她所谓的"好病人"，但是这本书里的她拒绝扮演这个角色，而是选择在精神上完成一次货真价实的复活，选择直面身体施加给精神的暴力，直面这一切造成的伤害。葛瑞丽的际遇太过极端，但她的故事以一种无言的方式让我知道了，在自己下巴手术的那段时间，我是什么样的：那一刻，伤害定义了我。

亚马逊网站上对《一张脸的自传》的负面评价大多是针对书中所谓的"自怜"："她是个悲伤的女人，从来没能从自己的个人痛苦中走出来。""我觉得这本书极度抑郁，沉溺于顾影自怜。""她好像想的只有自己，自己因为'丑'是多么悲惨、痛苦。"

一个叫"汤姆"的男人写道：

> 我读过很多书，但从没碰到过和这本书一样的，里面那么多糟糕的哀号、抽泣，说到底都是自怜而已。这本书有240页厚，但我用几个字就能概括它：我好命苦啊……除了哭得一塌糊涂，这个作者似乎想不出其他任何可说的东西。她先是说自己不想让任何人觉得难过，然后就开始鄙视别人竟然没有能力对她表示同情。

汤姆形容这个女人沉湎于自怜，却没办法告诉这个世界应该怎么对待这样的事情才是对的。在我长大的过程中，最让我害怕的一种未来就是成为这样一个女人。其实我知道，我们都知道怎么做才更好，怎么做才能避免成为这样一些女人，她们喜欢扮演受害者，沉醉于忧伤，像发名片一样到处炫耀自己的痛苦。这个世界上不止我一个人是这么想的，整整一代人都是在这种想法里成长起来的，我们都在否定这样一种人格：活在自我封闭、自怨自艾之中，软弱无力，愤世嫉俗。《因痛苦而哭泣的女孩》：她不需要治疗，她需要的是镇静剂。

这让我们陷入了人格分裂，我们不需要任何人为我们伤心，但这一天真的到来时，我们又会想念被人同情的感觉。自我怜悯成了一种隐秘的罪恶，就像一场手淫，如果被人发觉，所有人的同情都会离我而去。"从小到大，我一直在否定任何可能与自怜相关的感受，"葛瑞丽写道，"现在，我要找到一种方式，把它们重新表现出来。"

可表现成什么呢？信仰、滥交、学识上的雄心，最后，是艺术。葛瑞丽选择用艺术去尽可能表现痛苦，但是，这么做并不是为了救赎自己。葛瑞丽选择用这样的方式去面对痛苦给予她的东西：对生命的洞察力、活下去的勇气、对美丽的感悟，但似乎她仍然愿意用这些来自伤痛的馈赠交换一张美丽的脸。这种发自内心的自白是真诚所能给予的最好礼物，它并不是说美丽比深刻更重要，而只是想说明一点：葛瑞丽可能会选择这种美丽，没有它，人生更为艰难。

插曲：题外话

一开始，我就决定要采用一种众包的方式来写这篇文章。我给很多自己喜欢的女人写了信，让她们告诉我她们对于女性痛苦的想法。"请务必回复，"我写道，"如果你不回，这场对于女性痛苦的追寻里就只有我一个人了。"她们都回复了。

"这么说也许太直接了，"一个神学院的朋友写道，"但你干吗提到'堕落'？"她指出夏娃本身就是被分娩的痛苦定义的。另一个朋友则说，分娩之所以会塑造女性，是因为它成了女人最期待的事情。女人推测自己的未来，想象自己的身体在未来会让自己面对怎样的痛苦，女人就这样成为自己的所想之物。

有个朋友描述了自己的成长，将其归纳为这样一个过程："完完全全地沉迷于一件事——绝不变成一个受害者。"她写"绝不变成一个受害者"时用的是斜体。另一个朋友告诉我，她的整个青年时期都花在了洛琳·麦克丹尼尔①的作品上。这个作家始终在写病中的女孩子：患了癌症的，做了心脏移植的，得了贪食症的。她们和更加病重的女孩子交朋友，这些女孩因为生病逐渐变得如天使一般，最后，病女孩常常看着更加病重的女孩死去。这些作品给了我们一个体验一种双重共情的机会：既去感受殉道者，又去感受被救赎者；既体验死亡，又体验生存；既感受到悲剧之死的荣耀，又体验到复活的永恒。

另一些人发给我的是她们的自白。有个朋友承认，她最常感受到的女性痛苦可以形容为"坚持把关心别人当作一个道德准则，却一败涂地"，而她理想中的女性痛苦是圣母玛利亚的悲伤："你痛苦，因为你关心的人已经逝去。"她很担心这种理想是不是已经让自己变成了一个秘密的女性憎恶者。我的另一个朋友、诗人泰瑞承认说，自己最怕的事就是别人把她的诗作视为自我呻吟，认为里面的内容不过是一些个人痛苦，而这样一种自我关注的内容会让人认为这些作品不过是些"女性化"的东西。她也很担心这种恐惧已经把自己变成了女性憎恶者。

有一个朋友看了我的邮件后十分激愤，以至于第二天早上才回信。她对一种由来已久的社会迷恋感到厌倦，这种迷恋的对象是用痛苦进行自我界定的女人——自残的女人、酗酒的女人、总是和糟糕的对象上床的女人。"厌倦"这个词已经无法完全形容这个朋友的感受了，她很愤怒。

我想，这个朋友的愤怒其实向我们提出了一个问题，一个我们必须回答的问题。我们对女性痛苦的表达极有可能会形成这样一种文化：把女性痛苦变成我们去崇拜、去幻想，甚至故意去强调的对象。我们能够避免这样的文化出现吗？应该怎么去避免呢？偶像化：不理智地过度推崇某物。我们对于女性痛苦的表达行为会变成一种关于痛

---

① 洛琳·麦克丹尼尔，美国青春小说作家，以"病女孩"主题的系列恋爱青春小说而闻名。

苦的仪式，然后不断去自证合理，直到这一切走向矫枉过正。

这里面最大的问题在于，当世界上那些真实的女人在滥交、酗酒、自残时，你却在为一些虚构的对象而着迷。真实的女性痛苦比任何一种具体的表达方式更加重要，更值得我们去关注，哪怕我们只能借助某种文化范式才能去表达它们。

过于依赖"受伤的女人"这一形象，这不仅减弱了表达的价值，甚至是在否定这样一种表达本身的意义，你因此再也看不到在"受伤的女人"之下存在着那么多种不同的诉求与苦难。我们不是要成为伤口（"不，你就是那道伤口！"）才去表现一个又一个受伤的女孩子，而是应该去面对它，去讲述与伤口共存是怎么一回事。母亲一代的那种女性主义所特有的旧文化所塑造的窥私癖式的表达方式所讲的故事无外乎如此：又一个把自己塞到刀子下面的 Emo 自残者，又一个主动寻觅着伤心机会的女人，又一个酗酒、被虐待或失去生育能力的女人，又一个在被单下堕入黑暗的典型。这不是我们应该去超越的东西吗？

我们始终是以一种矛盾的心态去面对女性痛苦的。我们既为女性痛苦所吸引，也与它保持着距离；既为其感到骄傲，也深觉其耻。所以，我们搞出了一种"后伤害"的论调，或者选择麻木，或者诉诸嘲讽，只要不用去直面痛苦就行了。表面上看，这样做能撇清我们身上因痛苦而担的指控：小题大做，琐碎轻浮，哭哭啼啼。因此，无论从伦理上还是审美上，"后伤害"都可以归纳为一种戒律：不要美化一个痛苦的女性。

你一定会因为选择写受伤的女人而收获大量的鄙夷。你会在鲨鱼环伺中迎来你的月经初潮——"神经、血液和肌肉向空中绽放"——但所有人都会认为这场表演愚蠢透顶。你想哭喊，"我不是一个夸张作态的人"，但所有人都认为，你就是。你想流血，但最后在旁人看来，你只是想把自己弄成鲜血淋漓的样子，让人觉得你受伤了。当你真的流血了，不顾一切地只想去引来鲨鱼，有人会告诉你，你的表演只是在模仿一个错误的神话。你应该感到羞耻。"把它塞进去。"

1844年，有个叫作哈丽亚提·马提瑙的女人写了一本题为《病室中的人生》的书，10年以后，她又出版了一本自传。第二本书中，哈丽亚提只在脚注里对自己的病做了简短的说明，同时还解释道："我不是不知道，一个病人坚持记日记是一件不理智的事情。"她很清楚我们的文化急切地想让女人成为沉默病弱的一方，因此就这本书而言，作为作者的自己要比作为病人的自己更能被人理解。她有理由担心人们会认为她的疾病限制了她的视野，从而将她归于某种类型的作者。"一个主流诗人，站在少数派那一边"：病人的情绪。

露西·葛瑞丽学着成为一个"好病人"，因为她认识到"生病"本身也是一件可能会失败的任务。"我感到羞耻、内疚，因为我没能忍受痛苦，我失败了。"她如此写道，"这种羞耻感让我无法忍受，相比之下肉体痛苦都算是容易对付的了。"有时候，我们会这么说："我没能忍受痛苦。"有时候会用另一种说法："沉湎于痛苦。"沉湎，不及物动词：放纵身体于倦怠麻木中，状态类似于在雪、水、烂泥中打滚；尽情享受，陶醉沉迷。这就是我们所恐惧的对象：如果我们花掉太多时间去为痛苦而哀泣，如果我们沉溺于痛苦就像沉溺于一片鲨鱼环伺的大海，如果我们让泥浆披覆我们被剥去了皮肤的身体，我们的身体终归会陷入麻木。

伤口 13

"坏家伙"莫莉24岁的时候，一个陌生人持刀闯入了她在布鲁克林的公寓，想要强奸她。莫莉逃脱了，在挣扎了整整10分钟之后一丝不挂地逃出了自己的公寓。当然，她没能逃离年复一年的恐惧和困惑。"你要是让我在事后用旁人听得懂的方式把整场袭击讲出来，"她写道，"我根本做不到。"后来，她搬进了一个好朋友家，两人一起看了不少电影，她们晚上靠这个才能勉强入睡：

我们转台看我们想看的东西，最后自然而然地，定在了这些电影上：地牢中的女人、无名的女人、消失无踪的女孩子、在暗夜中被人伤害又去伤害别人的女人。在地铁上，我发现自己正一遍又一遍没完没了地听着那些关于谋杀的古老歌谣，比如《漂亮波莉》①，其中那些诡异而美丽的句子深深触动了我："他刺穿了她的心脏，鲜血向空中飞去。"

"暗夜中被人伤害又去伤害别人的女人"。莫莉被这样一些角色吸引并不会让我觉得奇怪。也许，这些形象为她提供了关于痛苦的各种版本，每一种痛苦都比她所遭受的更加严重；也许，它们让她觉得自己并没有那么孤单；也许，能够让她走进一个由各种痛苦构成的世界，这样她就可以安放自己的那些痛苦了。

我的这篇文章并不是要去对抗这个世界，不仅仅是要去批判"后伤害"的论调，或者去消解种种否定女性痛苦的论调。我确实相信痛苦并不是什么应该感到羞耻的事情，也确实认为这篇文章应该成为一则宣言，对抗那些加诸哭泣之上的罪名，但是，这篇文章并不是一次否定之否定，消解之消解，而是想去寻找一种可能性：我们有没有可能在各种刻板主题之外去表达女性痛苦？露西·葛瑞丽描述了很多她身为艺术家的生活经历，就是旨在"赋予我自己痛苦这样一种复杂而又不可或缺的权利"。

我一直在找卡尔森诗作中的第十三个"赤裸"，它在整首诗的结尾处娓娓道来：

与赤裸 1 十分相似。

---

① 《漂亮波莉》，发源于 18 世纪的英国，在不列颠群岛以及北美英语区广泛流行的一首民谣，有多个不同版本，主要内容均讲述一个年轻女性被诱进一片树林遭刺杀后，在一个阴沉的墓地里遭焚尸。

但终归不同。

……

我看到它，它就像一具人类的身体。

试着站起来，迎着狂暴无比的风，从骨头上
　　吹走血肉。
这里没有疼痛。
风

在净化骨头。
它们开始亮起银光，变得清晰。
这不是我的身体，不是一个女人的身体，这是我们的身体。
它走出了光晕。

　　这首诗里的"赤裸"确实和第一个"赤裸"很像，因为这两个女人
除了一身破烂皮肉外同样一无所有。但是在这里，她"（被）吹走血
肉"，而她的赤裸本身也成为一个更加明确的力量象征。这个女人的
身体同样向外绽开，但却是干净的、清晰的，痛苦没有留在上面，灵
与肉的对峙因此烟消云散。如此消解痛苦的前提是对痛苦形成一种更
加普遍的理解，要求你走出人类个体特殊性、性别特殊性带来的"光
晕"（"这不是我的身体，不是一个女人的身体"），然后走进宇宙
之中（"这是我们的身体"）。"走出了光晕"，从起源的物质中走出来，
这也就意味着你需要让自己与光晕之间形成更为本质的联系，脱离这
些痛苦本身，将一切真正地宣之于口。一旦痛苦被清洗掉，身体变成
了一种清晰无比、银光闪闪的存在，它也就再也不需要这样的光晕去
照亮自己了。只有当痛苦被大众所认识，不再只是个人之事，痛苦才
能超越自身。
　　有一个朋友用一张半透明的信笺给我回了一封关于痛苦的长信。

她认为我们可以将伤口看作"一个反应器，痛苦在此与你的经历相互碰撞，然后照亮了生命中的某些东西"。这个建议让这张半透明的纸变得重要起来。我在字里行间看到了她文字背后的世界：书桌，还有我的手指。也许，伤口的重要性就在于它能够让我们看到这种联系。

我们不应该忽视卡尔森诗中的第十三个"赤裸"与第一个"赤裸"之间的那种呼应关系。第一个"赤裸"是卡尔森笔下所有痛苦描述的开端，在这个场景中，银色的骨头周围环绕着鬼魅一般的淋漓血肉，那就是它的光晕。这提醒我们，所谓的"净化"始终和一系列失去相关："腐肉被清理掉，留给我一嘴的爱。"这就像史蒂文斯和他的十三只乌鸫，我们应该从不同的角度去关注痛苦，而不应该武断地去看待它的任何一种表象。只用一种方式是无法看清痛苦的，卡尔森的十三个场景给我们提供了十三种不同的视角，但这仅仅是开始。最终，我们可以摆脱笼罩痛苦的那些光晕，来真正面对这样一个形象——"赤裸"。

"赤裸"是对于痛苦的表白，这种表白本身始终充满了矛盾：伤口既是欲求的对象，又是鄙夷的对象；受伤者既以此求取权力，又因此付出代价；痛苦既产生美德，又孕育自私；受害者身份既是背景，又成了行动的动机；痛苦本身既是表达的对象，又是它的产物；我们的文化不断讲着有关痛苦的故事，但同时又想抹平它的一切特征。顺着卡尔森诗中的第十三个"赤裸"，我们能够把这一切归零，回到原初：女孩被激情驱动着，拿起了她的刀片。这才是我们该看的：她受着伤，但不会永远痛苦下去，受伤者不会成为她唯一的身份。在这样一种对于女性意识的表现中，我们不仅在面对伤痛，更是在面对伤痛者的整个人格。这样的人格有能力超越伤痛，但却不会去否认伤痛的存在，它不会去囤积伤痛，也不对伤痛感到厌倦。只有在这样的人格之下，伤口才会真正地走向愈合。

因此，我们可以看一看当女孩放下刀片的那一刻，她身上到底发生了什么。苦难确实是一件趣味横生的事情，但复原亦是如此。缝合皮肤时的扭曲挣扎，银色骨头的大步向前，围绕着女性和伤口本身，这些发生在伤痛之后的事情才真正廓清了关于伤痛的一切。这就像格鲁克所幻想的："一张竖琴，琴弦深深切割／进入我的手掌。在这场梦里，／伤口正在形成，也在走向愈合。"

读泰瑞的诗作时，丰富的想象就像伤口下面伸出的一根藤蔓般浮现在我眼前。这个女人的诗作让你触碰到她的生命，比如那场切除了一个肝脏肿瘤的手术就在那儿，但是，她那生为女性的身体，那个千疮百孔的身体（"她是无助的"）并不是整个画面中唯一的东西。伤害从来不会被女性的话语所垄断。她的诗作中充满了各种痛苦——一群被折断了细骨的园中鸟、一只死去的肥母鹿（"她那美味的气息"）……读着泰瑞的诗作就像走进了一间屠宰场："用一根铁棍撬开肋骨……手风琴般的骨头在下面发出黯淡的光。腿上的好肉被切成一片一片，就像打开了法国餐馆的大门。"剖开、切片、肢解、炸开、深挖、抽血，这些动词充斥于整个作品。在这样一种表达之下，伤痛不再仅仅是伤痛，它成了一个认识对象，成了一场词汇的盛宴。"很多时候，作为女孩的你，就是一块肉。"泰瑞在其他人陷入沉思之处准备了一场动物性的狂欢——"这不是我的身体，不是一个女人的身体"——但她确实在伤痛最脆弱之处形成了一种属于自己的理解。泰瑞让我们从这些本能的暴力中看到了我们活在一具躯体之中的具体方式。无论是你的，还是别人的，我们能够认识到这种确定性蕴藏在我们每一个人的身体之中，光晕笼罩着这种确定性，但我们终有一天会将这些光晕抛向脑后。

我要去赞美泰瑞用屠夫盛宴装点而成的这场痛苦自白。诗作引领我们进入的不仅是某人的伤痛世界，更是一场血淋淋的解剖：身体被打开，重新排列，然后分门别类地排放起来，展现在你面前。这让我坚信了一点，女性痛苦值得你始终去关注，我们从未真正地听尽它要表达的内容。当一个女孩丢掉了她的处女之身，她那一身盛着心脏的骨头和破烂收获了一次刺痛时，这是一个新消息。当一个女孩即将迎来初潮，或者她努力想阻止这一切时，这是一个新消息。无论何时何地，如果一个女人对生存在这个世界上感到恐惧，这是一个新消息。当一个女孩迎来她人生第一次也是最后一次堕胎时，这也是一个新消息。我就是这样一个女孩，堕过一次胎，只有那么一次。

是的，这个世界上的消息中，有些很重大，有些很渺小。战争是一个大新闻，而一个女孩因为一个搞过她却没回她电话的男人而五味杂陈，则远没有那么重要。但我不相信同理心是一种有限的等价交换。而你只有去关注别人，才能收获关注。至少，你要开始去面对她们。

我想，通过把女性痛苦看作一种老生常谈来否定它，认为所谓女性痛苦只是一遍、两遍甚至一千零一遍的反复唠叨，这本身就隐藏着一项指控：受折磨的女人实际上是在扮演受害者，她们没有选择勇敢面对，而是选择了软弱、自怨自艾。我想，去否定伤痛实际上是在寻找一个便利的借口：我们不需要为了是否要去聆听、是否要去倾诉而感到纠结。"把它塞进去。"这就等于宣告这些关于痛苦的故事早已过时，同样过时的还有我们本该在听完这些故事之后进行的自我反省。

"很长一段时间来，我一直在犹豫要不要写一部关于女人的书。"波伏娃写过这么一段话，在她那本举世闻名的女性主义代表作的开头。"尤其对于女人而言，这些事情是非常令人气愤的，而且并不新奇。"很多时候，我觉得自己在击打一道早已死去的伤口。但我想说：继续流血吧，去写出一些能够超越流血的东西。

受伤的女人，这已经成为一种刻板印象，但这样的女人往往是真实的。尽管去讲述女性痛苦也许会陷入盲目痴迷，但这不应是我停下笔的理由。即使是做作的、老套的，痛苦依然是痛苦。所谓涂抹夸饰、陈词滥调的指控为我们封闭的心灵提供了太多不在场的借口，而我希望我们的心是敞开的。我只是把这一切写下来，我希望我们的心是敞开的，真的。

后记：自白与认同

自白式写作总是会饱受指责，人们将这样一种写作方式视为一种自我消费，是唯我论的，甚至是一种自怨自艾。谁会想听又一个三十出头的家伙大谈自己受的那些伤害呢？但是，今年春天，我出版了一本关于"自白"的文集——《十一种心碎》。这本书中充斥着我的个人经历（堕胎，心脏手术，脸上被一个陌生人狠狠揍了一拳），而在写作这本书的过程中，我开始认为自白式的写作同样有超越唯我论的可能。我的这些自白一定会有人用自己的感受来回应，然后便会引燃燎原之火。

在这本书脱稿之后，我发现自己不知不觉地成了无数陌生人的倾听者：有个女人和我讲她的慢性头痛；有个男人对我说，从18岁那一天开始，他就挣扎在割礼带来的痛苦之中；有个女人告诉我，她怎么克服自己那只宠物公鸡的死带来的痛苦；有个高三学生试图向我详细地说明她最好朋友的饮食障碍；有个来自密西西比的老师被人顶掉了职位，变成了流浪汉；有个神经科医生在多次休病假以后，正在努力保住自己的饭碗。很多医生告诉我，他们把这本书介绍给了自己的学生，而很多医学院的学生则选择这本书作为送给教授的礼物。甚至有个牧师告诉我，这本书成了他在耶稣受难日布道的素材来源。

我的文字就这样超越了白纸黑字，超越了我的生活、我的感受，延伸进入了这个世界，我爱这种感觉。我写下的东西现在就像个已经成年的孩子，突然间前往无数个陌生之地居住，向我发回一张又一张的照片。

你可以找到很多种方法去自我剖白，也可以用很多种方法让这些自白超越自白本身。如果我们把唯我主义视为"一种理论，它认为只有自我是存在之物，自我所认知的一切只不过是自我本身的各种形态"，那么，对抗这样一种观点最有力的方式，就是把一个人的自白公之于众。只有这样，自白才能创造出真正的对话。

我认为，当你真正作为一个读者去面对自白叙事时，与其说是躲进小楼，不如说是在面对一条熙熙攘攘的大道。尤拉·比斯在《来自无人之地的笔记》中把那些自身经历中最私密的部分都分享给了大家，崩溃、疲倦甚至是幻觉，通过阅读这样一个身体，你能够对一系列问题获得更深入的理解，比如种族、阶级，甚至是罪孽。瑞贝卡·索尔尼特的《身边的远方》把所有的内容都置于一场深刻的自我叙述之中，她谈论着她痴呆的母亲，谈论着两人之间不断纠缠的关系给她带来的漫长痛苦，而她讨论这一切的方式则是把来源广泛的故事编制成一部协奏曲，因纽特神话、科学幻想、英雄传说，甚至是怪兽与冰原在这部作品中交织延展，伸向远方。

在阅读这些意蕴深刻的个人作品时，我所感受到的并不只是个别的自我，除了个人世界之外一无所知的自我。我面前的作品很神奇地来自这样一个人，一个能够理解我的人，至少能够理解我所在的这个世界的人。

第一次读露西·葛瑞丽的《一张脸的自传》的时候，我刚做完一场下颌骨手术。我在漫长的康复期中读着这本回忆录，读着作者的儿时疾病，以及此后的伤残。每读一页，我都想大声说一句"阿门！"

葛瑞丽把病痛变成了愿望的载体，她没有让病痛成为一场自我囚禁，而是把它变成了一件上天赐予她的礼物。她希望从中获得更多的意义，而不是去渴求自己的怜悯，这种怜悯早已令她不堪重负。面对这样一种自我剖白，我并不觉得自己是无关之人。相反，我觉得这样一场自白说出了我自己的整个人生。同样，作为一个作者，现在我也成了那些读者的人生的一部分。

自白所引发的并不仅仅是感触。有读者在读过我的文章后在推特上写道："读完这本书之后，我开始想把自己深藏于心的那些痛苦写下来，写到手指出血，然后再把这些染血的手指同样写进故事里。"有个女人给我写了一封信，她告诉我就在写这段话的当时，她的母亲正帮她从前男友那儿把东西搬回家。"我不知道该怎么承受这种痛苦，"她写道，"但谈论它、写下它、把它画出来，这个想法会让我觉得好一点，尽管比起喝得大醉然后狂拨他的电话，或者在酒吧里摔上一跤而伤了手腕，或者我以前做过的其他蠢事，其实这么做更令我觉得尴尬。"

有个女人在信中说，我书里的一篇文章让她终于下决心去结束和一个男人的性关系，他不爱她。"只需要轻轻说一句话。"她说得好像这一切并不重要。但对我来说，这很重要，它们是我在这一生中很多次想要去倾听的东西。这个女人告诉我，她现在一边写作，一边喝酒，只有酒精能给她继续写下去的勇气。

在我收到了越来越多这样的陌生人来信之后，我开始好奇，到底是什么东西驱使他们这么做。这些读者想要从作者那儿获得什么？他们想从我这里得到怎样一种回应？有时候，读者会写信告诉我他自己的整个人生，有时候我得到的只是一句赞赏。但是，每一份回应都混合着施与受：读者一方面想告诉作者，作品在他眼中是什么样的；另一方面想让作者告诉他，我知道你是这样理解的。"告诉我你看到了我，就像我看到了你一样。"

我在小说出版以后也收到过很多陌生人的来信。有一个夏威夷的地产经纪人就写信告诉我说，我的短篇小说让他对妹妹那些糟心的一夜情有了更多的同情和理解，而一个毛躁的大学男生告诉我，我写的东西让他下决心以后要对女人好一点。我的第一部小说出版几年后，有个女人写信告诉我说，她读了我的书，讨厌它，讨厌到憎恨自己竟然为了这么一本书花了钱（她发誓说，这本书她只花了 10 美分，是从一家二手书店买的）。这个女人讨厌这本书的理由是，它让她再也找不到理由去阻止自己大醉一场。她认为我应该感到羞耻，因为我给这个世界制造了那么多绝望。她说，读完书的那天早上，她狠狠地嗑了一大把的药。她说，她希望那是她人生的最后一天。这份充满失望的回信清晰地告诉我写信人渴求着什么。一本小说、一篇文章，即使只是一句话也好，她只是想要被拯救。我能理解她给我写这封信的这种冲动，这就像一个作者已经走进了你的生活，阅读了你的过去，接下来你自然会期待把这种亲密关系进一步加深，变成和你的私人交流。

但读者与自白式写作者进行交流的冲动与此有所不同，后者所写的内容已经袒露了他们的私人生活。当然，在这种情形下读者依然渴求着把一种亲密转化为另一种亲密，但双方的关系已经发生了变化。作者在写下自白的那一刻，所坦白的一切就已经定案，接下来只不过在等待读者进行同样的自白来回应自己，然后形成一种故事和故事之间的互惠交换。因此，每当人们批判自白式写作中的自我封闭与一叶障目时，我就会想起读者们的声音，和他们交换给我的人生故事。

当这些陌生人写信向我自白的时候，他们既是给予者，也是索取者。这些人所索取的东西正是这本书所要传达的——同理心，而他们渴求的正是这本书的首要原则与核心诉求——关注。即使这些人并未宣之于口，我依然觉得自己欠其中每一个人一份关注。那个被慢性头痛折磨的教授并没有直接要求什么，她只是在回应我的书："我发现，最让你疲惫不堪的东西是痛苦。被痛苦惊起时，你清醒地意识到自己面对的是又一次痛苦，你希望自己能摆脱它，但是一次、两

242

次……一百次，痛苦就在那儿，它是属于你一个人的事实。就我的情形而言，我不得不上千次面对这个事实。最后，这个事实会改变你，让你疏远所有人，甚至是那些想要去理解你的人。"

这些陌生人的来信既是一种收获，同时又是一种负担。它们让我想起了文集结尾处我写的一段话："我不相信同理心是一种有限的等价交换。"有人在 Instagram 上把这句话做成了标签：＃我不相信同理心是一种有限的等价交换＃。但现在，我开始怀疑，真是这样吗？

有个洛杉矶的艺术家在给我写的信里说，在发这封信的时候他感觉有多么别扭。"那么多读者会因为同一个原因感到振奋，他们会想：'哇哦，我也是这么想的！我们一定能做朋友，就像真的朋友那样！'……这么想会让他们觉得自己能够触碰到一个属于成人的世界，想象自己能把一只手伸进屏幕，然后从你那头伸出来，用一种相安无事、毫不怪异，甚至会令你惊喜和感叹的方式触碰你的生活，把些什么东西回馈给你。但是，哪怕从屏幕里伸出来向你问好的是一只好客而又坚定的手臂，它依然是诡异的、不自然的。"

他是对的，一只又一只手臂就这样往我的屏幕这头伸过来，向我讨要一些东西，即便他们并没有这么做。太多了。我没法回应每一只手臂。从某一刻起，我不再回应他们中的任何一个。我不会回复一个向我诉说酗酒经历的人，不会回复一个失恋的人，也不会回复一个收容所里的男人或是退休男人。一种既伪善又令我内疚的想法开始成形："我到处施与同情，结果却不堪重负，每一份用来回应我的作品的情感，都成了我要去面对的东西。我让每个人都感受到了他们想去感受的东西，现在该轮到我去无视这些感受了。我应该去保持的是一种抽象的同情，而不应该把感情随意浪费在任何一个人身上。"

每当我巡回签售时，每一站都让我走向自己的极限，都在强迫我去面对这样一个事实：同理心是有极限的。每一个城市都在给我增加新的无形重负。华盛顿特区，我的一个观点惹怒了一个女人，因为我觉得装出来的同理心也可以是有益的。纽约的苏豪区，一个女孩把一段心电图波形文在了自己胸前。旧金山，一个朋友拄着拐杖跳上楼梯，她是一个医生，希望在行医时拥有更宽广的心灵空间。卡拉马祖[1]，我收到了一大堆裹着巧克力脆皮的自制椒盐饼干，然后听一个得了慢性红斑狼疮的女人诉说她的痛苦。安阿伯[2]，一个画着黑眼线、穿着高帮运动鞋的女孩子告诉我，她一直觉得自己的故事没什么可说，里面不过是一个又一个大醉之夜、一次又一次醒来之后的追悔莫及，但现在，她觉得自己的人生值得让人听听。

走过这些地方，我手头的这本书上留下了一大堆签名和留言。这成了我和他们之间的一种交换：每次有读者要求我在书上签名，我也会让他在这本书上写下些东西。在那一刻我和这些人形成了一种对等的关系，这种对等在读者来信的形式中很难做到。有些人写道："你的作品启发了我，让我不再伪装，不再停滞不前。"有些人写道："能够碰到作者这个'伤害囤积者'，真好。"另一条是这么说的："我很抱歉，读到'钉在十字架上的灵魂'时，我实在是憋不住笑了。"书中有一段的开头是"妇产科"，有个女人在下面写道："昨天刚去！我登上了更年期这座高山。"讲述我室上性心动过速的心脏的内容旁边写着："SVT[3]他妈的糟透了。""我们是精神上的家人。""这安慰了我。""我有颗和你一样的心脏。"

我还记得，我和卡拉马祖的那个女人双目相对。在那之前，她已经在慢性疲劳的折磨中度过了许多年。在她向我诉说自己病情的时候，我发现从头到尾我都在脑中回忆当时住的那个 B&B 旧木屋里的浴缸。我想象着那个浴缸，不知道自己是不是把它和我在艾奥瓦城河边的大学旅馆里的那个浴缸搞混了，或者是明尼波利斯那间光鲜时尚

---

① 卡拉马祖，密歇根州城市。

② 安阿伯，密歇根州城市。

③ SVT，室上性心动过速的缩写。

的酒店房间里的那个玻璃制的神物。这个女人告诉我，她觉得自己身上的伤痛永远也不会结束，但我知道，结局以一个浴缸的形状呈现在我的脑海里。

在读书会上，也会有人提出质疑和反对。在爱达荷州博伊西的一个晚上，我朗读了那篇关于詹姆斯·艾吉的文章。文章讲的是我在尼加拉瓜被人打了一拳之后，读了艾吉的那篇关于佃农的秋日行纪，他的内疚让我深深共鸣，联想到了我身为一个深入贫穷国家却从未直面其贫穷的游客所抱有的内疚感。我在文章里写到了一个叫作路易斯的小男孩，他曾经在我住处的门廊上睡了一整晚，我却没有让他进来。我在文章里写到我有多么内疚，而内疚让我感觉自己距离艾吉更近了，因为我感受到的内疚和艾吉在文章里那种夸张的自我怀疑与痛苦是如此相似。我很确信，我的内疚已经被自己塑造成了某种美丽的东西。我经常会大声去朗读这篇文章，然后为结尾段落行文中的那种韵律感而倍感自豪——我读完的时候，一个男孩站起来问我："你为什么不让那个男孩进屋呢？"我想说：我用了一整篇文章去回答这个问题啊！但他的问题似乎在暗示，我其实从来没回答过这个问题，我的文章没有解决任何问题，只不过是把问题描绘得更加完整了而已。

阅读某个作者的文字总会让我们觉得他亏欠了我们些什么，这种感觉背后究竟是什么在作怪呢？作者被寄予厚望，来为人们的希望与计划指明方向，而这是一个棘手的任务，结果往往是令人沮丧（他们不能改变什么）多于有效激励（我的文字可以改变一些东西）。越来越频繁地，我发现自己被请去围绕"同理心应该是什么样的"描绘一张蓝图。我曾经和一个有名的心理学家一起做过一个电台节目，他谈自己几十年的研究，而我谈自己的感受，那些我在洗澡的时候想到的东西。被人打上一个"同理心专家"的标签，这种感觉非常假，让我觉得自己像个推销员，而且是非常不称职的那种。

在我所谈的同理心里，有一种独特的伪善潜藏其中。同理心是一种面对他人时的情感，但我与同理心的关系却完全是围绕我的书、我的职业生涯、我自己展开的。当有流浪汉站在地铁站口时，我通常只是直接走过去，不会停下来给他任何东西。因为我总是很忙，或者是赶着去机场、去拍摄，或者是赶去城区的某个广播电台做节目，我总是要赶着去某个地方，见某个人，和他们聊些与关心别人有关的话题。在新泽西的纽瓦克机场，我在机场书店里发现了自己的书，就在周围走来走去想找个好角度拍张照，有个拄着拐杖的女人就在边上，差点被我撞倒。这时我该怎么说才好呢？如果我伤到你的话，请原谅我，我只是想找个好角度，以便给我的书拍张照片，这是一本关于同理心的书。

那些我没回复的读者来信就这样停留在我的收件箱里，而我开始觉得它们一直在证明着我的伪善。我并没有努力去与他们心意相通，至少没有像我所主张的那样关心他们。

"媚俗能够按部就班地迅速导致两次哭泣，"米兰·昆德拉写道，"第一道眼泪说：看着孩子们在草地上奔跑，这多么美好啊！第二道眼泪则说：当我看着孩子们在草地上奔跑，我就和全人类一起被感动了，这多么美好啊！""我爱陌生人"，我们热爱这种想法，或者说，我们至少会觉得这种想法会让我们愿意给陌生人更多的爱。但说到底，这与我的收件箱里那些提醒我去回复的星星无关，甚至与我未能回复信件的负罪感无关，与因我没有给流浪汉钱、我没能给出建议而感到的内疚无关。这与和我四目相对的人们有关，无论是在安阿伯、旧金山，还是卡拉马祖，他们告诉我：你的自白让我得以谈论痛苦。而对这些人，我要说：谢谢你们，是你们让我的自白变得比它本身更加重要。

（本文最早发表于《卫报》，经该报允许，在此重刊）

评者后记

思想这门艺术的大师们总会选择用思想面对自我，无论是尼采、波德莱尔还是陀思妥耶夫斯基，都试图教我们直面身上的危险特质，探索人性之病，通过自我的碎片来确认自我的存在。

——埃米尔·M. 齐奥朗

我们所谓的感悟其实是十分不可靠的东西，即使是最简单的领悟，也会和那些终归会褪色的墨迹一样，最终留下的不过是一些残迹。但是，我们总在寻找这样的可能，身体、痛苦、羞耻、鄙夷之心、幻觉和疑惑，当我们面对它们时，鄙夷也好，赞美也好，我们总是想要找到它们的边界之所在，然后确定无疑地控制住它们，而不是因此陷入自我否定之中。露西·葛瑞丽在1994年完成了那部无与伦比的作品《一张脸的自传》，这本旨在探索上述精神边界的作品结尾部分有这么一段话：

我曾经认为真理是永恒的，一旦我**认识**了、**理解**了某个真理，我就能永远拥有它，然后用它不断去认识周遭的世界。我现在知道，这种想法是错误的，大多数的真理是转瞬即逝的，我们终其一生所能做的，只是尽力记住其中最基本的那些内容。

在《十一种心碎》这本书中，葛瑞丽是莱斯莉·贾米森的引导者之一，卡洛琳·卡普、詹姆斯·艾吉、弗里达·卡罗、琼·狄迪恩、安妮·卡尔森、苏珊·桑塔格、伊莱恩·斯卡利、弗拉基米尔·普罗普，还有其他和葛瑞丽一样勇往直前的思想者，他们都始终在激励着贾米森去完成这本书。作为读者（也许对于作者而言也是一样的），我们让这样一本书带着我们进入了一个由妙语机锋、旁征博引和多变风格组成的世界。这样一本书能够被简单地贴上一个标签吗？它是一本散文集、一本自传、一本报告文学，还是一本糅合了自然科学、人类学和文化批评的理论著作？我们面对的是这样一本书，它的作者将自己的知识、想法、情感、人格乃至于经历都汇集其中。好吧，我们在震撼之余，已经很难对其进行归类了。"我们一头扎进了惊奇之中。"正如作者自己所说的那样。贾米森选择将如此广阔的话题领域以令人惊异的方式直接糅合在了同一本书里：医学演员、同情问题、暴力、整形手术、负罪感、疾病、巴克利马拉松、楷模艺术家的"还愿物"、冤案、伤痛、疤痕、恐惧、渴望、共同体，还有肉体痛苦的蜕变。

当我们不再纠结于分类，而是去讨论和思考这本书本身，思考它的结构与表述方式，那么我们很快就会明白，这本《十一种心碎》所写的最终对象是什么。贾米森写道："这些文章对我来说是非写不可的，因为这样才能找出这一切所追问的到底是什么。"

几十年以前，尽管时境不同，埃米尔·齐奥朗曾将贾米森这种罕见而又美丽的写作方式称为"用思想面对自我"。莱斯莉·贾米森正是以这样一种自我质疑打造出了属于自己的表达方式。我们可以看到，贾米森用普罗普的《故事形态学》让一场街头袭击变成了绮丽的协奏曲。当贾米森去面对她的医学表演生涯时，"莱斯莉·贾米森"这个名字本身也成了她的研究对象。当面对《关于女性痛苦的共通性理论》时，你能从文章中的众包式写法和内容拼贴中找到贾米森赋予这些碎片的音乐性。"我不断深入身体经验内在的断裂与暧昧之处，"她写道，"去追问语言难以触及之处：痛苦的意义何在？……这本书中的这些文章将作为某种自传存在，直到记忆本身消失无踪。"

罗伯特·伯里托

2013 年 5 月

著作权合同登记号桂图登字:20-2021-118号

图书在版编目(CIP)数据

十一种心碎:痛苦的故事形态学分析/(美)莱斯莉·贾米森著;屈啸宇译.—桂林:广西师范大学出版社,2021.6
书名原文:The Empathy Exams:Essays
ISBN 978-7-5598-3657-1

Ⅰ.①十… Ⅱ.①莱… ②屈… Ⅲ.①心理学-通俗读物 Ⅳ.①B84-49

中国版本图书馆 CIP 数据核字(2021)第 051594 号

十一种心碎:痛苦的故事形态学分析
SHIYI ZHONG XINSUI:TONGKU DE GUSHI XINGTAIXUE FENXI

出 品 人:刘广汉
策划编辑:尹晓冬
责任编辑:刘孝霞
执行编辑:宋书晔
装帧设计:李婷婷 王鸣豪
校 译:许毛毛
广西师范大学出版社出版发行

(广西桂林市五里店路9号　　邮政编码:541004)
(网址:http://www.bbtpress.com)
出版人:黄轩庄
全国新华书店经销
销售热线:021-65200318　021-31260822-898
山东新华印务有限公司印刷
(济南市高新区世纪大道2366号　邮政编码:250104)
开本:650mm×960mm　　1/16
印张:16.25　　　　　字数:215千字
2021年6月第1版　　2021年6月第1次印刷
定价:58.00元

如发现印装质量问题,影响阅读,请与出版社发行部门联系调换。